高等职业教育测绘地理信息类"十三五"规划教材

控制测量实训

主　编　张　博

副主编　刘　岩　杨　丹　丁　剑

主　审　谷云香

U0383768

WUHAN UNIVERSITY PRESS

武汉大学出版社

图书在版编目(CIP)数据

控制测量实训/张博主编. —武汉:武汉大学出版社,2019.12(2023.1
重印)
高等职业教育测绘地理信息类"十三五"规划教材
ISBN 978-7-307-21255-8

Ⅰ.控…　Ⅱ.张…　Ⅲ.控制测量—高等职业教育—教材　Ⅳ.P221

中国版本图书馆 CIP 数据核字(2019)第 238858 号

责任编辑:杨晓露　　　责任校对:汪欣怡　　　版式设计:马　佳

出版发行:**武汉大学出版社**　　(430072　武昌　珞珈山)
　　　　　(电子邮箱:cbs22@whu.edu.cn 网址:www.wdp.com.cn)
印刷:武汉图物印刷有限公司
开本:787×1092　1/16　印张:7.5　字数:179 千字　　插页:1
版次:2019 年 12 月第 1 版　　2023 年 1 月第 2 次印刷
ISBN 978-7-307-21255-8　　　定价:23.00 元

前　言

《控制测量实训》是《控制测量》(刘岩主编，武汉大学出版社出版)的配套教材。

"控制测量"是工程测量技术专业的核心课程，包括理论教学、单项实训、技能训练和综合实训四个重要的教学环节，通过"控制测量"理论课程的学习，使学生掌握有关控制测量的基础知识；通过《控制测量实训》教材中的单项实训，培养学生的基本操作技能，提高其实际动手能力，养成良好的职业素养；通过技能训练，检验学生所学的理论知识，提升其测量数据处理能力；通过综合实训，使学生熟悉控制测量的外业观测与内业计算工作的全过程，学会使用测量规范、利用各种技术手段进行各等级控制网的布设、数据采集和处理的基本方法与技能，培养学生的综合能力，提升其从业综合素养，为从事工程测量工作奠定基础。

本教材是按照辽宁生态工程职业学院专业教学改革工作实施方案的总体要求编写的项目化、信息化校本教材，教材的编写基于校企合作、打造特色的原则，体现了高等职业教育职业性、实践性、开放性的要求，本教材是工程测量技术专业建设的重要成果之一。

本教材体现了"校企合作、工学结合"特色：辽宁米测地理信息科技有限公司丁剑高级工程师参与了本书的编写工作，并通读了全书，提出了许多宝贵的意见和建议，使本教材更加符合生产实际的需要，仪器和方法上与生产实际保持同步，使教材具有先进性。

本教材体现了项目化、信息化特色：按照项目教学的要求编写，每个项目均选取了若干个典型的工作任务，教学过程中可采用项目教学法、现场教学法、案例教学法等多种教学方法，做到教学过程与生产过程的对接；整套教材提供了大量的电子资源，方便信息化教学的开展。

本教材的编写，紧密结合高职培养目标，以实用为目的，以够用为原则，注重理论与实践相结合，特别强调培养学生的创新思维和实际动手能力，在巩固课堂所学理论知识的基础上，加深对控制测量基本理论的理解，能够运用相关理论指导实际工作，做到理论与实践相统一，提高分析和解决控制测量技术问题的能力；同时加强学生的"规范"意识，理解并掌握国家规范的相关条款，将其作为进行控制测量工作的技术依据，力争做到课程标准与职业标准的对接。总之，本教材适应现阶段高等职业教育的需要，满足高职院校的教学要求。

本教材由张博(辽宁生态工程职业学院)担任主编，刘岩(辽宁生态工程职业学院)、杨丹(辽宁生态工程职业学院)、丁剑(辽宁米测地理信息科技有限公司)担任副主编。具体编写分工如下：张博编写项目1中的任务1.1—任务1.7，刘岩编写项目1中的任务1.8、任务1.9，丁剑编写项目1中的任务1.10，刘岩编写项目2，杨丹编写项目3。最后由辽宁生态工程职业学院谷云香教授担任主审。

本教材可作为高等职业技术院校测绘类专业的通用教材，项目1"单项实训"、项目2

"技能训练"与理论教学同时完成；项目 3"综合实训"建议以 3 周综合实训完成。

　　本教材在编写过程中，参阅了大量文献，引用了同类书刊中的一些资料。在此，谨向有关作者和单位表示感谢！同时对武汉大学出版社为本书的出版所做的辛勤工作表示感谢！

　　限于作者水平，书中不妥和遗漏之处在所难免，恳请读者批评指正。

目　　录

项目 1　单项实训

项目描述

　　理论教学、单项实训、技能训练、综合实训是"控制测量"课程四个重要的教学环节。通过理论教学，学生掌握了必备的控制测量基础知识、基本理论和基本方法，在此基础上进行单项实训，学生操作各种测量仪器进行仪器的安置、观测，完成各项实训任务的记录、计算以及实训成果的整理等，使其巩固理论教学内容，完成每个单项实训任务理论与实践的对接，升华理论知识，培养基本操作技能，提高实际动手能力，养成良好的职业素养。

一、单项实训目标

　　(1)巩固课堂上所学的基本理论知识，加深理解，夯实记忆。
　　(2)熟悉各种测量仪器的构造、性能和操作方法。
　　(3)掌握利用各种不同的测量仪器进行各种不同测量工作的观测、记录和计算方法，正确进行测量数据的整理。
　　(4)加强基本操作技能培养，提高实际动手能力，完成理论与实践的对接。
　　(5)培养学生从事工程测量工作所需要的扎实的专业素质、严谨的科学素养、吃苦耐劳的坚韧品格、和谐向上的团队精神。

二、单项实训一般要求

　　(1)实训前，复习教材中的有关内容，预习实训任务指导，明确目的与要求，掌握熟悉实训步骤，注意有关事项，并准备好所需文具用品，确保实训任务的顺利进行。
　　(2)实训分小组进行，组长负责组织协调工作。实训前，组长带领组员，按仪器借用规则借领与归还仪器、工具。
　　(3)实训在规定的时间进行，不得无故缺席或迟到早退；实训在指定的实训场地进行，不得擅自改变地点或离开现场。
　　(4)认真听取教师的讲解，仔细观察教师的演示，服从教师的现场指导。
　　(5)按照实训任务的操作步骤和相应的测量规范进行各项测量工作的观测、记录与计算，做到操作规范、记录规整、计算准确；培养独立工作的能力和严谨的科学素养，同时要发扬互帮互助的协作精神，营造和谐的团队氛围，保质保量完成实训任务。

（6）实训过程中，遵守纪律，保护实训现场的环境，爱护周围的各种公共设施。

（7）每项实训任务都应取得合格的实训成果，成果经指导教师审阅签字后，方可归还测量仪器和工具，结束实训。

三、仪器的借用

（1）实训所需仪器应按实训指导书或指导教师的要求借领，以小组为单位到仪器室领取实训仪器和工具，听从实训管理人员的指挥，遵守实训室规定。

（2）各组组长借领仪器时，应仔细核对仪器借用明细表，清点仪器及附件数目，检视所借用的仪器，一切正常方可将仪器借出。

（3）借出的仪器、工具，未经指导教师同意，不得与其他小组调换或转借。

（4）实训结束后，应立即归还仪器，实训室管理人员验收核实后方可离开。

（5）仪器、工具如有遗失或损坏，应写出书面报告说明情况，进行登记，并按有关规定赔偿。

四、仪器的使用

测量仪器是精密光学仪器，或是光、机、电一体化贵重设备，对仪器的正确使用、精心爱护和科学保养，是测量人员必须具备的素质，也是保证测量成果的质量、提高工作效率的必要条件。从仪器的领取开始，就要注意相关事项，防止出现问题。

（一）仪器的领取

检查仪器箱盖是否关好、锁好，背带、提手是否牢固，脚架与仪器是否匹配，脚架各部分是否完好，仪器是否能正常工作。

（二）仪器的开箱

（1）仪器箱应平放在地面上或其他平台上才能开箱，不要抱在怀里或托在手中开箱。

（2）取出仪器前应先牢固安放好三脚架，仪器自箱中取出后不易用手久抱，应立刻固定在三脚架上。

（3）开箱后在未取出仪器前，注意观察清楚仪器及附件在箱内的位置，便于用后仪器及各部件的准确还箱，以免因安放不正确而损伤仪器。

（三）仪器的取出

（1）不论何种仪器，在从仪器箱取出前一定要先放松制动螺旋，以免取出仪器时因强行扭转而损坏微动装置，甚至损坏轴系。

（2）从箱内取出仪器时，应一手托住照准部支架，另一手扶住基座部分，轻拿轻放，严禁单手作业。

（3）取出仪器和使用仪器过程中，要注意避免触摸仪器的目镜、物镜、棱镜，以免沾污，影响成像质量。

(4)仪器取出后，注意随手关闭仪器箱盖，防止灰尘和湿气进入箱内、防止仪器附件丢失。

(5)任何时候不得踩、坐仪器箱。

(四)仪器的连接

(1)安放仪器的三脚架必须稳固可靠。

(2)仪器放置到三脚架上，应一手握住仪器，一手拧连接螺旋，直至拧紧。旋松所有制动螺旋，将脚螺旋调节至中间工作状态，并使三个脚螺旋大致同高。

(五)仪器的架设

(1)伸缩式脚架三条腿抽出后要把固定螺旋拧紧，避免用力过猛造成螺旋滑丝，防止因螺旋未拧紧使脚架自行收缩而摔坏仪器。

(2)架设仪器时，三条腿分开的跨度要适中(架腿距地面点位60~80mm)，并得太靠拢容易被碰倒，分得太开容易滑开。

(3)在脚架安放稳妥并将仪器放到脚架头上后，要立刻旋紧仪器和脚架间的中心连接螺旋，防止因忘拧紧连接螺旋而摔坏仪器。

(六)仪器的使用

(1)仪器安置后，无论是否操作，必须有专人看护，防止无关人员摆弄或行人碰动、车辆碾压损坏；爱护仪器，严禁在仪器周围嬉戏打闹，避免仪器受到强烈的碰撞和挤压。

(2)阳光照射强烈或雨天必须撑伞作业，防止烈日暴晒，防止雨淋(包括仪器箱)。

(3)制动螺旋不宜拧得太紧，微动螺旋和脚螺旋宜使用中段，松紧要调节适当。

(4)操作仪器时，用力要均匀，动作要准确、轻捷，用力过大或动作太猛都会对仪器造成伤害。

(5)工作期间尽量使存放仪器的室温与工作地点的温度接近。当必须把仪器搬到温差较大的环境中去时，应先把它关闭在箱中3~4小时，到达测站后宜先取出仪器适温半小时以上才开始正式观测。

(七)仪器的装箱

(1)仪器装箱前，旋松所有制动螺旋，将脚螺旋调节至中间工作状态，并使三个脚螺旋大致同高。

(2)用软毛刷轻拂仪器表面的灰土，将物镜盖盖好。

(3)旋紧所有制动螺旋，以免晃动。

(4)清点箱内附件，如有缺少，立刻寻找，仪器、附件应保持原来的放置位置。

(5)将仪器箱关上，扣紧、锁好，如果仪器箱盖不能盖严，应检查放置是否正确，不可强行关箱。

(八)仪器的搬迁

(1)在长距离迁站或通过行走不便的地区(如较大的沟渠、山林等)时，应将仪器装入

3

箱内搬迁，搬迁过程中切勿跑行，防止摔坏仪器。

(2)在短距离或者平坦地区迁站时，可先将脚架收拢，然后一手抱脚架，一手扶仪器，保持仪器近直立状态搬迁，严禁将仪器横扛在肩上搬迁。

(3)每次搬迁测站时都要清点所有仪器、附件、器材等，防止丢失。

(九)仪器的维护

(1)全站仪是电子经纬仪、光电测距仪和微处理器相结合的电子仪器，在运输过程中必须有防震措施。不允许将仪器连接在三脚架上搬动。电池、电缆插头要对准插进，用力不能过猛，以免折断。决不可把物镜对向太阳，以免烧毁元器件。棱镜、目镜、物镜等光学部件表面若有灰尘或其他污物，应先用软毛刷轻轻拂去，再用镜头纸擦拭，严禁使用手帕、粗布或其他纸张，以免损坏镜面。

(2)水准尺、标杆、测钎等禁止横向受力，以防弯曲变形。作业时，水准尺、标杆应由专人扶直；观测间歇，不准贴靠树上、墙上或电线杆上；不能磨损尺面分划和漆皮。小件工具如测钎、尺垫的使用，应用完即收，防止遗失。

(3)发现仪器出现故障，如转动失灵或听到有异样的声音，立即停止工作，请示指导教师或管理人员进行处理，严禁私自拆卸，也不能勉强带"病"使用，以免增加损坏程度。

五、测量资料的记录

测量资料的记录是测量成果的原始数据，十分重要。为保证测量原始数据的绝对可靠，实训时应养成良好的职业习惯。记录的要求如下：

(1)凡记录表格上规定填写的项目应填写齐全。

(2)实习记录和正式作业一样必须直接填写在规定的表格上，不得转抄，更不得用零散纸张记录，再行转抄。

(3)观测者读数后，记录者应立即回报读数，确认无误后再行记录，以防听错、记错。

(4)读数和记录数据的位数应齐全。如在水准测量中水准尺读数 0320、角度测量中度盘读数 $4°03'06''$，其中的"0"均不能省略。

(5)所有记录与计算均应使用绘图铅笔(2H 或 3H)记载，字体应端正清晰，字高应稍大于方格的一半，一旦记录中出现错误，可在留出的空隙处对错误的数字进行更正。

(6)禁止擦拭、涂改与挖补，发现错误应在错误处用横线画去，将正确数字写在原数上方，不得使原字模糊不清。淘汰某整个部分时可用斜线画去，保持被淘汰的数字仍然清晰。所有记录的修改和观测成果的淘汰，均应在备注栏内注明原因(如测错、记错或超限等)。

(7)禁止连环更改，若已修改了平均数，则不准再改计算得此平均数之任何一项原始数。若已改正一个原始读数，则不准再改其平均数。假如两个读数均错误，则应重测重记。

(8)原始观测之尾数不准更改，如角度读数的秒读数不得更改，应将该测回成果作废，重测该测回。

(9)观测手簿中，对于有正负意义的量，记录计算时，一定要带上"+"、"−"号，即使是"+"号，也不能省略。

（10）每测站观测结束，应在现场完成计算和检核，确认合格后方可迁站。实训结束，按规定每人或每组提交一份记录手簿。

六、测量成果的整理与计算

（1）简单计算，如平均值、方向值、高差等，应边记录边计算，如果超限则立即重测；较为复杂的计算，可在实训结束后及时算出。

（2）测量成果的整理与计算应用规定的印制表格或事先画好的计算表格进行，上交计算成果应是原始计算表格，所有计算不得另行转抄。

（3）数据计算时，应根据所取的位数，按"4 舍 6 入，5 前奇进偶舍"的规则进行凑整。如 1.3144，1.3136，1.3145，1.3135 等数，若取三位小数，则均记为 1.314。

（4）成果的记录、计算的小数取位要按规定执行。各等级的三角测量、精密导线测量、水准测量的记录和计算的小数位分别列表于表 1.1、表 1.2、表 1.3。

表 1.1　　　　　　　　　　　　　　　　　　三 角 测 量

项目	等级	读数 （″）	一测回中数 （″）	记簿计算 （″）
水平角	一、二等	0.1	0.01	0.01
	三、四等	1	0.1	0.1
垂直角		1	1	

表 1.2　　　　　　　　　　　　　　　　　　精密导线测量

等级	观测方向值及 各项改正数 （″）	边长观测值及 各项改正数 （m）	边长与坐标 （m）	方位角 （″）
二等	0.01	0.0001	0.001	0.01
三、四等	0.1	0.001	0.001	0.01

表 1.3　　　　　　　　　　　　　　　　　　水 准 测 量

等级	往（返）测 距离总和 （km）	往返测 距离中数 （km）	测站高差 （mm）	往（返）测 高差总和 （mm）	往（返）测 高差中数 （mm）	高程 （mm）
二等	0.01	0.1	0.01	0.01	0.1	0.1
三等	0.01	0.1	0.1	1.0	1.0	1.0
四等	0.01	0.1	0.1	1.0	1.0	1.0

任务 1.1   J2 光学经纬仪的认识与使用

一、实训目的

(1)了解 J2 光学经纬仪各部件的名称及作用;

(2)掌握 J2 光学经纬仪的操作步骤、水平度盘及竖直度盘的读数方法;

(3)掌握 J2 光学经纬仪度盘配置的方法。

二、实训器具

每个小组领取下列实训器具:J2 光学经纬仪 1 台、三脚架 1 个、测钎 2 个、记录板 1 块,自备铅笔、小刀、直尺等。

三、实训要求

(1)认识仪器整体结构及各部件的名称、位置、功能,掌握各部件的使用方法。

(2)每人在 2~4 个不同度盘测微器位置上读数并做记录,同时描绘读数窗中的影像图(含度盘读数、测微器读数及度盘对径分划线),掌握对径重合读数方法。

(3)每个实训小组在实训场地选定一个测站点、两个目标点,每人独立进行对中、整平、瞄准、度盘配置、水平度盘读数、竖直度盘读数以及观测数据的记录等工作。

(4)对中误差小于 2mm,整平误差小于 1 格。

四、实训步骤

(一)J2 光学经纬仪的安置

1. 三脚架对中

将三脚架安置在地面点上,要求高度适当、架头概平、大致对中、稳固可靠。伸缩三脚架架腿调整三脚架高度,在架头中心处自由落下一块小石头,观其落下点位与地面点的偏差,若偏差在 3cm 之内,则实现大致对中。如在土地作业,需要将三脚架的架腿踩实。

2. 经纬仪对中

(1)安置经纬仪:从仪器箱中取出经纬仪放置在三脚架架头上(手不放松),位置适中,另一手将连接螺旋(在三脚架头内)旋进经纬仪的基座中心孔中,使经纬仪与三脚架牢固连接。

(2)脚螺旋对中:利用基座的脚螺旋进行精密对中。

①光学对中器对光(转动或拉动目镜调焦轮),使之看清光学对中器的分划板和地面,

同时根据地面情况辨明地面点的大致方位。

②两手转动脚螺旋，同时眼睛在光学对中器目镜中观察分划板标志与地面点的相对位置不断发生变化的情况，直到分划板标志与地面点重合为止，对中完毕。

3. 粗略整平

(1)任选三脚架的两个架腿，转动照准部使管水准器的管水准轴与所选的两个脚螺旋连线平行，升降其中一个架腿使管水准器气泡居中。

(2)转动照准部使管水准轴转动 90°，升降第三个架腿使管水准器气泡居中。

升降架腿时不能移动架腿地面支点。升降时左手指抓紧架腿上半段，大拇指按住架腿下半段顶面，并在松开箍套旋钮时以大拇指控制架腿上下半段的相对位置实现渐进的升降，管水准气泡居中时扭紧箍套旋钮。整平时水准器气泡偏离零点少于 2 或 3 格。整平工作应重复一两次。

4. 精确整平

(1)任选两个脚螺旋，转动照准部使管水准轴与所选两个脚螺旋中心连线平行，相对转动两个脚螺旋使管水准器气泡居中。管水准器气泡在整平中的移动方向与转动脚螺旋左手大拇指运动方向一致。

(2)转动照准部 90°，转动第三个脚螺旋使管水准器气泡居中。

重复(1)、(2)步骤使管水准器气泡精确居中。

(二) J2 光学经纬仪的认识

J2 光学经纬仪的组成部件如图 1-1 所示。

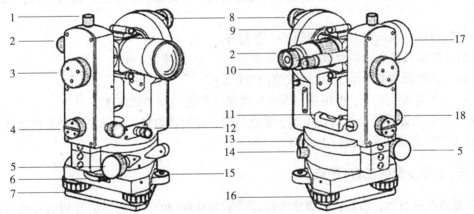

1—垂直制动螺旋；2—望远镜目镜；3—度盘读数测微轮；4—度盘换像轮；5—水平微动螺旋；
6—水平度盘位置变换轮；7—基座；8—垂直度盘照明镜；9—瞄准器；10—读数目镜；
11—平盘水准管；12—光学对中器；13—水平度盘照明镜；14—水平制动螺旋；
15—基座圆水准器；16—脚螺旋；17—望远镜物镜；18—垂直微动螺旋
图 1-1　J2 光学经纬仪的组成部件

(三) J2 光学经纬仪的瞄准

(1)正确做好对光工作，先使十字丝像清楚，后使目标像清楚。

（2）大致瞄准，即松开水平、垂直制动螺旋（或制动卡），按水平角观测要求转动照准部使望远镜的准星对准目标，旋紧制动螺旋（或制动卡）。

（3）精确瞄准，即转动水平、垂直微动螺旋，使望远镜的十字丝像的中心部位与目标有关部位相符合。

（四）J2 光学经纬仪的读数

首先调整度盘换像手轮，使读数窗口显示出水平度盘读数影像，读数视窗如图 1-2 所示。

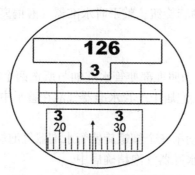

图 1-2　J2 光学经纬仪的读数视窗

固定照准部制动螺旋，慢慢旋转水平微动螺旋，同时观察读数窗内刻划线的运动情况，然后旋转测微轮，观察测微器刻划线运行情况，验证重合读数法的读数原理，再练习读数。

（1）先将读数窗口内对径分划线上、下对齐。

（2）读取窗口最上边的度数（126°）和中部窗口 10′的注记（30′）。

（3）再读取测微器上小于 10′的数值（3′25.5″）。

（4）将上述的度、分、秒相加，即水平度盘读数为（126°03′25.5″）。

调整度盘换像手轮，使刻划线处于竖直位置，此时读数窗口显示的为竖直度盘读数影像，其读数方法同水平角读数方法完全一致。

（五）水平度盘的配置（配盘）

任意瞄准一目标，由组长配置水平度盘读数为 0°00′30″，然后组员分别通过测微器使对径分划线精密结合并读数，记录读数差值。

（1）粗瞄被照准目标，旋紧水平制动螺旋，利用水平微动螺旋精确照准目标。

（2）调整度盘换像手轮，使刻划线处于水平位置，此时读数窗口显示的是水平度盘影像。

（3）打开水平度盘反光镜，观察读数窗口，转动度盘测微轮，在测微器配置出不足 10′的读数，即 0′30″。

（4）打开度盘变位钮保护盖（或挂上挡），旋转度盘变位钮，配置度盘读数，本例为 0°00′。特别注意应使对径分划线精密接合。

（5）关闭度盘变位钮保护盖（或摘开挡），检查照准目标的准确性，通过旋转测微螺旋使度盘的对径分划线精密接合，然后进行读数（度盘读数+测微器读数）。

（6）对于光学经纬仪，要使配置的读数与预设值一秒不差几乎是不可能的，通常如相差在 10″ 之内就可以了，取实际值。

（六）测回法水平角观测

（1）盘左照准左侧目标 A，配盘（如：0°00′30″），将读数记入观测手簿。

（2）松开水平制动螺旋，顺时针方向转动照准部，照准右侧目标，读取水平度盘读数，将读数记入观测手簿。

（3）盘右照准右侧目标，读取水平度盘读数，将读数记入手簿。

（4）逆时针转动照准部，照准左侧目标 A，读取水平度盘读数，将读数记入手簿。

（5）计算半测回角、一测回角。

五、注意事项

（1）读水平度盘读数时，需要将水平角反光镜打开；读竖直度盘读数时，需要将竖直角反光镜打开。

（2）瞄准目标后，应旋紧制动螺旋，再进行读数。

（3）度盘对径分划一定要严格对齐才能读数，否则数据将不准确。

（4）配置度盘后，如果对径分划线没有精确重合，需要旋转测微轮，重新进行读数。

六、实训总结

（1）写出实训主要步骤。

（2）写出配置度盘读数的方法。

（3）脚螺旋对中和架腿对中分别适用哪种情况?

七、记录表格

表 1.4   **测回法观测手簿**

班级_____ 组号_____ 组长_____ 仪器_____ 编号_____

成像_____ 温度_____ 气压_____ 日期_____年____月____日

观测者_____ 记录者_____

测站	目标	竖盘位置	水平度盘读数 （° ′ ″）	半测回角值	一测回平均角值 （° ′ ″）	备注
		左				
		右				
		左				
		右				
		左				
		右				
		左				
		右				
		左				
		右				

任务 1.2 方向观测法观测水平角

一、实训目的

(1)熟悉 J2 光学经纬仪的使用;
(2)掌握方向观测法的观测顺序,以及记录、计算方法;
(3)掌握测站各项限差要求。

二、实训器具

每个小组领取下列实训器具:J2 光学经纬仪 1 台、三脚架 1 个、记录板 1 块,自备铅笔、小刀、直尺等。

三、实训要求

(1)选择 4 个照准目标,距离较远、长度均匀,对 4 个目标进行 2 个测回的观测;
(2)观测与记录要严格遵守相应的操作规程和记录规定,对不合格的成果应返工重测;
(3)相关指标符合限差要求,水平角方向观测法的限差要求如表 1.5 所示。

表 1.5   **水平角方向观测法的技术要求**

等　级	仪器型号	光学测微器两次重合读数之差(″)	半测回归零差(″)	一测回内 2C 互差(″)	同一方向值各测回较差(″)
一级及以下	2″级仪器	—	12	18	12
	6″级仪器	—	18	—	24

四、实训步骤

(1)选择好距离较远、边长均匀的 4 个照准目标,分别竖立觇标(如测钎等)。
(2)在测站点安置仪器,盘左照准零方向,按表 1.6 配置水平度盘和测微器。

表 1.6   **J2 型经纬仪方向观测度盘位置编制表**

测回序号 \ 测回数(等级)	2(一级) (° ′ ″)
1	0 02 30
2	90 07 30

（3）顺时针方向旋转照准部 1~2 周后精确照准零方向，进行水平度盘和测微器读数（重合对径分划线两次）。

（4）顺时针方向旋转照准部，依次精确照准 2，3，…，n 方向，最后闭合至零方向，按上述方法依次读数记录，完成上半测回观测。

（5）纵转望远镜，盘右逆时针方向旋转照准部 1~2 周后精确照准零方向，读数记录。

（6）逆时针方向旋转照准部，按与上半测回相反的顺序依次观测 n，…，3，2 直至零方向，完成下半测回观测。

以上操作为一测回，同样方法完成第二测回的观测。

五、注意事项

（1）观测程序和记录要严格遵守操作规程；

（2）观测中要严格消除视差；

（3）记录者向观测者回报数据后再记录，记录中的计算部分应训练用"心算"完成；

（4）测微器读数的尾数不许更改；

（5）半测回归零差或一测回内 2C 互差超限须重测该测回，同一方向值各测回较差超限至少重测一个测回甚至两个测回。

六、实训总结

（1）写出实训主要步骤。

（2）对于 J2 光学经纬仪观测水平角，有哪些限差要求？

（3）在下列哪些情况下，该测回需要进行重测？

七、记录表格

表 1.7   **方向观测法观测手簿**

第＿＿＿测回　仪器＿＿＿　No. ＿＿＿　点名＿＿＿　等级＿＿＿　日期＿＿年＿月＿日
天气＿＿＿　班级＿＿＿　　组别＿＿＿＿　　开始＿＿＿时＿＿＿分
成像＿＿＿　观测者＿＿＿　记录者＿＿＿＿　结束＿＿＿时＿＿＿分

方向号数名称及照准目标	读数								左-右(2C)	左+右/2	方向值	附注
	盘左				盘右							
	°	′	″	″	°	′	″	″	″	″	° ′ ″	
＿＿												
＿＿												
＿＿												
＿＿												
＿＿												

归零差：Δ左 = ＿＿＿＿＿″，Δ右 = ＿＿＿＿＿″。

表 1.8   **方向观测法观测手簿**

第＿＿＿测回　仪器＿＿＿　No. ＿＿＿　点名＿＿＿　等级＿＿＿　日期＿＿年＿月＿日
天气＿＿＿　班级＿＿＿　　组别＿＿＿＿　　开始＿＿＿时＿＿＿分
成像＿＿＿　观测者＿＿＿　记录者＿＿＿＿　结束＿＿＿时＿＿＿分

方向号数名称及照准目标	读数								左-右(2C)	左+右/2	方向值	附注
	盘左				盘右							
	°	′	″	″	°	′	″	″	″	″	° ′ ″	
＿＿												
＿＿												
＿＿												
＿＿												
＿＿												

归零差：Δ左 = ＿＿＿＿＿″，Δ右 = ＿＿＿＿＿″。

13

表 1.9   **方向观测法观测手簿**

第_____测回　仪器_____　No._____　点名_____　等级_____　日期___年__月__日

天气_____　班级_____　　组别_____　　开始_____时_____分

成像_____　观测者_____　　记录者_____　结束_____时_____分

方向号数名称及照准目标	读数							左-右(2C)	左+右/2	方向值	附注
	盘左				盘右						
	°	′	″	″	°	′	″	″	″	° ′ ″	
_____											
_____											
_____											
_____											
_____											

归零差：Δ左 =_____″，Δ右 =_____″。

表 1.10   **方向观测法观测手簿**

第_____测回　仪器_____　No._____　点名_____　等级_____　日期___年__月__日

天气_____　班级_____　　组别_____　　开始_____时_____分

成像_____　观测者_____　　记录者_____　结束_____时_____分

方向号数名称及照准目标	读数							左-右(2C)	左+右/2	方向值	附注
	盘左				盘右						
	°	′	″	″	°	′	″	″	″	° ′ ″	
_____											
_____											
_____											
_____											
_____											

归零差：Δ左 =_____″，Δ右 =_____″。

任务 1.3　J2 光学经纬仪精密角度测量

一、实训目的

(1)进一步熟悉 J2 光学经纬仪的使用。

(2)掌握使用光学经纬仪、采用方向观测法进行精密角度测量的操作步骤和记录计算方法。

(3)掌握测站各项限差要求及重测的有关规定。

二、实训器具

每个小组领取下列实训器具：J2 光学经纬仪 1 台、三脚架 1 个、记录板 1 块，自备铅笔、小刀、直尺等。

三、实训要求

(1)选择 4 个照准目标，距离较远、长度均匀，对 4 个目标进行 6 个测回的观测；

(2)观测与记录要严格遵守相应的操作规程和记录规定，对不合格的成果应返工重测；

(3)相关指标符合限差要求，方向观测法的限差要求如表 1.11 所示。

表 1.11　　　　　　　　　　水平角方向观测法的技术要求

等　级	仪器型号	光学测微器两次重合读数之差(″)	半测回归零差(″)	一测回内 2C 互差(″)	同一方向值各测回较差(″)
四等及以上	1″级仪器	1	6	9	6
	2″级仪器	3	8	13	9

注：当观测方向的垂直角超过±3°的范围时，该方向 2C 互差可按相邻测回同方向进行比较，其值应满足表中一测回内 2C 互差的限值。

四、实训步骤

(1)选择距离较远、边长均匀的 4 个照准目标，分别竖立规标(如测钎等)。

(2)测站点安置仪器，盘左照准零方向，按表 1.12 配置水平度盘和测微器。

(3)顺时针方向旋转照准部 1～2 周后精确照准零方向，进行水平度盘和测微器读数(重合对径分划线两次)。

(4)顺时针方向旋转照准部，依次精确照准 2，3，…，n 方向，最后闭合至零方向，按上述方法依次读数记录，完成上半测回观测。

（5）纵转望远镜，盘右逆时针方向旋转照准部1~2周后精确照准零方向，读数记录。

（6）逆时针方向旋转照准部，按与上半测回相反的顺序依次观测 n，…，3，2 直至零方向，完成下半测回观测。

以上操作为一测回，同样方法完成其他测回的观测。

表 1. 12　　　　　　　　　**J2 型经纬仪方向观测度盘位置编制表**

测回数（等级） 测回序号	6（四等） （°　′　″）
1	0　00　50
2	30　12　30
3	60　24　10
4	90　35　50
5	120　47　30
6	150　59　10

五、注意事项

（1）观测程序和记录要严格遵守操作规程；

（2）观测中要严格消除视差；

（3）记录者向观测者回报数据后再记录，记录中的计算部分应训练用"心算"完成；

（4）测微器读数的尾数不许更改；

（5）凡涉及补测、重测的，严格按下述要求执行：

① 凡因对错度盘、测错方向、上半测回归零差超限、读记错误和中途发现观测条件不佳等原因放弃的非完整测回，再进行的观测通称为补测。补测可随时进行。

因超出限差规定而重新观测的完整测回，称为重测。重测应在基本测回全部完成之后进行，以便对成果综合分析、比较，正确地判定原因之后再进行重测。

② 采用方向观测法时，在1份成果中，基本测回重测的"方向测回数"超过"方向测回总数"的三分之一时，应重测整份成果。

重测数的计算：在基本测回观测结果中，重测1个方向算作1个"方向测回"；一测回中有2个方向重测，算作2个"方向测回"。1份成果的"方向测回总数"（按基本测回计算）等于方向数减1乘以测回数，即 $(n-1)m$。

③ 一测回中，若重测的方向数超过本测回全部方向数的三分之一，该测回全部重测。观测3个方向时，即使有1个方向超限，也应将该测回重测。计算重测数时，仍按超限方向数计算。

④ 当某一方向的观测结果因测回互差超限，经重测仍不合限时，要在分析原因后再重测，以避免不合理的多余重测。

六、实训总结

(1)写出实训主要步骤。

(2)对于 J2 光学经纬仪观测水平角,有哪些限差要求?

(3)在哪些情况下,该测回需要重新观测?

七、记录表格

表 1.13　　　　　　　　　　**方向观测法观测手簿**

第＿＿＿＿测回　仪器＿＿＿＿　No.＿＿＿＿　点名＿＿＿　等级＿＿＿＿　日期＿＿年＿＿月＿＿日

天气＿＿＿＿　班级＿＿＿＿＿　组别＿＿＿＿＿＿　开始＿＿＿时＿＿＿分

成像＿＿＿＿　观测者＿＿＿＿　记录者＿＿＿＿＿　结束＿＿＿时＿＿＿分

方向号数名称及照准目标	读数							左-右(2C)	左+右/2	方向值	附注
	盘左			盘右							
	° ′	″	″	° ′	″	″	″	″	° ′ ″		
＿＿＿											
＿＿＿											
＿＿＿											
＿＿＿											
＿＿＿											

归零差:Δ左=＿＿＿＿＿″,Δ右=＿＿＿＿＿″。

表 1.14　　　　　　　　　　　　方向观测法观测手簿

第_____测回　仪器_____　No. _____　点名_____　等级_____　日期___年__月__日
天气_____　班级_____　　　　　组别_____　　　　　开始_____时_____分
成像_____　观测者_____　　　　记录者_____　　　　结束_____时_____分

方向号数名称及照准目标	读数							左-右 (2C)	左+右 / 2	方向值	附注
	盘左			盘右							
	°	′	″	″	°	′	″	″	″	″	° ′ ″
_____											
_____											
_____											
_____											
_____											

归零差：Δ 左 =_____″，Δ 右 =_____″。

表 1.15　　　　　　　　　　　　方向观测法观测手簿

第_____测回　仪器_____　No. _____　点名_____　等级_____　日期___年__月__日
天气_____　班级_____　　　　　组别_____　　　　　开始_____时_____分
成像_____　观测者_____　　　　记录者_____　　　　结束_____时_____分

方向号数名称及照准目标	读数							左-右 (2C)	左+右 / 2	方向值	附注
	盘左			盘右							
	°	′	″	″	°	′	″	″	″	″	° ′ ″
_____											
_____											
_____											
_____											
_____											

归零差：Δ 左 =_____″，Δ 右 =_____″。

表 1.16　　　　　　　　　　　　　　　**方向观测法观测手簿**

第_____测回　仪器_____　No._____　点名_____　等级_____　日期___年___月___日

天气_____　班级_____　　　　组别_____　　　开始_____时_____分

成像_____　观测者_____　　　　记录者_____　　　结束_____时_____分

方向号数名称及照准目标	读数						左-右(2C)	左+右／2	方向值	附注
	盘左			盘右						
	° ′	″	″	° ′	″	″	″	″	° ′ ″	
_____										
_____										
_____										
_____										
_____										

归零差：Δ 左 =_____″，Δ 右 =_____″。

表 1.17　　　　　　　　　　　　　　　**方向观测法观测手簿**

第_____测回　仪器_____　No._____　点名_____　等级_____　日期___年___月___日

天气_____　班级_____　　　　组别_____　　　开始_____时_____分

成像_____　观测者_____　　　　记录者_____　　　结束_____时_____分

方向号数名称及照准目标	读数						左-右(2C)	左+右／2	方向值	附注
	盘左			盘右						
	° ′	″	″	° ′	″	″	″	″	° ′ ″	
_____										
_____										
_____										
_____										
_____										

归零差：Δ 左 =_____″，Δ 右 =_____″。

表 1.18 **方向观测法观测手簿**

第_____测回　　仪器_____　No._____　点名_____　等级_____　　日期___年___月___日

天气_____　　班级_____　　　　　组别_____　　　　　开始_____时_____分

成像_____　　观测者_____　　　　　记录者_____　　　　结束_____时_____分

方向号数名称及照准目标	读数						左-右(2C)	左+右/2	方向值	附注
	盘左			盘右						
	° ′	″	″	° ′	″	″	″	″	° ′ ″	
_____										
_____										
_____										
_____										
_____										

归零差：Δ左 =_____″，Δ右 =_____″。

表 1.19 **方向观测法观测手簿**

第_____测回　　仪器_____　No._____　点名_____　等级_____　　日期___年___月___日

天气_____　　班级_____　　　　　组别_____　　　　　开始_____时_____分

成像_____　　观测者_____　　　　　记录者_____　　　　结束_____时_____分

方向号数名称及照准目标	读数						左-右(2C)	左+右/2	方向值	附注
	盘左			盘右						
	° ′	″	″	° ′	″	″	″	″	° ′ ″	
_____										
_____										
_____										
_____										
_____										

归零差：Δ左 =_____″，Δ右 =_____″。

任务 1.4　全站仪精密角度测量

一、实训目的

(1)熟悉全站仪的使用。

(2)掌握使用全站仪、采用方向观测法进行精密角度测量的操作步骤和记录计算方法。

(3)掌握测站各项限差要求及重测的有关规定。

二、实训器具

每个小组领取下列实训器具：2″全站仪 1 台、配套的三脚架 1 个、带觇板的反光棱镜 4 套(含脚架)、记录板 1 块，自备铅笔、小刀、直尺等。

三、实训要求

(1)选择 4 个照准目标，距离较远、长度均匀，对 4 个目标进行 6 个测回的观测；

(2)观测与记录要严格遵守相应的操作规程和记录规定，对不合格的成果应返工重测；

(3)相关指标符合限差要求，方向观测法的限差要求如表 1.20 所示。

表 1.20　　　　　　　　　　水平角方向观测法的技术要求

等　级	仪器型号	光学测微器两次重合读数之差(″)	半测回归零差(″)	一测回内 2C 互差(″)	同一方向值各测回较差(″)
四等及以上	1″级仪器	1	6	9	6
	2″级仪器	3	8	13	9

注：①全站仪、电子经纬仪水平角观测时不受光学测微器两次重合读数之差指标的限制；

②当观测方向的垂直角超过±3°的范围时，该方向 2C 互差可按相邻测回同方向进行比较，其值应满足表中一测回内 2C 互差的限值。

四、实训步骤

(1)选择距离较远、边长均匀的 4 个照准目标，分别安置棱镜。

(2)测站点安置仪器，盘左照准零方向，将水平度盘置零。

(3)顺时针方向旋转照准部 1~2 周后精确照准零方向，进行水平度盘读数记录。

(4)顺时针方向旋转照准部，依次精确照准 2，3，…，n 方向，最后闭合至零方向，依次读数记录，完成上半测回观测。

(5)纵转望远镜,盘右逆时针方向旋转照准部1~2周后精确照准零方向,读数记录。

(6)逆时针方向旋转照准部,按与上半测回相反的顺序依次观测n,…,3,2直至零方向,完成下半测回观测。

以上操作为一测回,按每测回递增30°配置水平度盘读数,同样方法完成其他测回的观测。

五、注意事项

(1)观测程序和记录要严格遵守操作规程;

(2)观测中要严格消除视差;

(3)记录者向观测者回报数据后再记录,记录中的计算部分应训练用"心算"完成;

(4)测微器读数的尾数不许更改;

(5)凡涉及补测、重测的,严格按下述要求执行:

①凡因对错度盘、测错方向、上半测回归零差超限、读记错误和中途发现观测条件不佳等原因放弃的非完整测回,再进行的观测通称为补测。补测可随时进行。

因超出限差规定而重新观测的完整测回,称为重测。重测应在基本测回全部完成之后进行,以便对成果综合分析、比较,正确地判定原因之后再进行重测。

②采用方向观测法时,在1份成果中,基本测回重测的"方向测回数"超过"方向测回总数"的三分之一时,应重测整份成果。

重测数的计算:在基本测回观测结果中,重测1个方向算作1个"方向测回";一测回中有2个方向重测,算作2个"方向测回"。1份成果的"方向测回总数"(按基本测回计算)等于方向数减1乘以测回数,即$(n-1)m$。

③一测回中,若重测的方向数超过本测回全部方向数的三分之一,该测回全部重测。观测3个方向时,即使有1个方向超限,也应将该测回重测。计算重测数时,仍按超限方向数计算。

④当某一方向的观测结果因测回互差超限,经重测仍不合限时,要在分析原因后再重测,以避免不合理的多余重测。

六、实训总结

(1)写出实训主要步骤。

(2)对于2″全站仪水平角观测,有哪些限差要求?

七、记录表格

表 1.21　　　　　　　　　　　　　方向观测法观测手簿

第_____测回　仪器_____　No. _____　点名_____　等级_____　日期___年___月___日

天气_____　班级_____　　　　组别_____　　　开始_____时_____分

成像_____　观测者_____　　　记录者_____　　结束_____时_____分

方向号数名称及照准目标	读数						左-右(2C)	左+右 2	方向值	附注
	盘左			盘右						
	°	′	″	″	°	′	″	″	° ′ ″	
_____										
_____										
_____										
_____										
_____										

归零差：Δ 左 =_____″，Δ 右 =_____″。

表 1.22　　　　　　　　　　　　　方向观测法观测手簿

第_____测回　仪器_____　No. _____　点名_____　等级_____　日期___年___月___日

天气_____　班级_____　　　　组别_____　　　开始_____时_____分

成像_____　观测者_____　　　记录者_____　　结束_____时_____分

方向号数名称及照准目标	读数						左-右(2C)	左+右 2	方向值	附注
	盘左			盘右						
	°	′	″	″	°	′	″	″	° ′ ″	
_____										
_____										
_____										
_____										

归零差：Δ 左 =_____″，Δ 右 =_____″。

表 1.23　　　　　　　　　**方向观测法观测手簿**

第＿＿＿测回　仪器＿＿＿　No.＿＿＿　点名＿＿＿　等级＿＿＿　日期＿＿年＿＿月＿＿日
天气＿＿＿＿　班级＿＿＿＿＿＿　组别＿＿＿＿＿＿　开始＿＿＿＿时＿＿＿分
成像＿＿＿＿　观测者＿＿＿＿＿　记录者＿＿＿＿＿　结束＿＿＿＿时＿＿＿分

方向号数名称及照准目标	读数						左-右 (2C)	左+右 / 2	方向值	附注
	盘左			盘右						
	° ′	″	″	° ′	″	″	″	″	° ′ ″	

归零差：Δ左＝＿＿＿＿＿″，Δ右＝＿＿＿＿＿″。

表 1.24　　　　　　　　　**方向观测法观测手簿**

第＿＿＿测回　仪器＿＿＿　No.＿＿＿　点名＿＿＿　等级＿＿＿　日期＿＿年＿＿月＿＿日
天气＿＿＿＿　班级＿＿＿＿＿＿　组别＿＿＿＿＿＿　开始＿＿＿＿时＿＿＿分
成像＿＿＿＿　观测者＿＿＿＿＿　记录者＿＿＿＿＿　结束＿＿＿＿时＿＿＿分

方向号数名称及照准目标	读数						左-右 (2C)	左+右 / 2	方向值	附注
	盘左			盘右						
	° ′	″	″	° ′	″	″	″	″	° ′ ″	

归零差：Δ左＝＿＿＿＿＿″，Δ右＝＿＿＿＿＿″。

表 1.25　　　　　　　　　　　　　　**方向观测法观测手簿**

第_____测回　仪器_____　No._____　点名_____　等级_____　日期___年___月___日

天气_____　班级_____　　　　组别_____　　　开始_____时_____分

成像_____　观测者_____　　　　记录者_____　　结束_____时_____分

方向号数名称及照准目标	读数							左-右(2C)	$\dfrac{左+右}{2}$	方向值	附注
	盘左				盘右						
	°	′	″	″	°	′	″	″	″	″	° ′ ″	
_____											
_____											
_____											
_____											
_____											
_____											

归零差：Δ左 = _____″，Δ右 = _____″。

表 1.26　　　　　　　　　　　　　　**方向观测法观测手簿**

第_____测回　仪器_____　No._____　点名_____　等级_____　日期___年___月___日

天气_____　班级_____　　　　组别_____　　　开始_____时_____分

成像_____　观测者_____　　　　记录者_____　　结束_____时_____分

方向号数名称及照准目标	读数							左-右(2C)	$\dfrac{左+右}{2}$	方向值	附注
	盘左				盘右						
	°	′	″	″	°	′	″	″	″	″	° ′ ″	
_____											
_____											
_____											
_____											
_____											

归零差：Δ左 = _____″，Δ右 = _____″。

表 1.27　　　　　　　　　　　　　**方向观测法观测手簿**

第＿＿＿测回　仪器＿＿＿　No.＿＿＿　点名＿＿＿　等级＿＿＿　日期＿＿年＿＿月＿＿日

天气＿＿＿＿　班级＿＿＿＿＿　　　组别＿＿＿＿＿＿＿　开始＿＿＿＿时＿＿＿分

成像＿＿＿＿　观测者＿＿＿＿　　　记录者＿＿＿＿＿　结束＿＿＿＿时＿＿＿分

方向号数名称及照准目标	读数							左-右(2C)	$\frac{左+右}{2}$	方向值	附注
	盘左			盘右							
	°	′	″	″	°	′	″	″	″	° ′ ″	
＿＿											
＿＿											
＿＿											
＿＿											
＿＿											

归零差：Δ左＝＿＿＿＿＿″，Δ右＝＿＿＿＿＿″。

表 1.28　　　　　　　　　　　　　**方向观测法观测手簿**

第＿＿＿测回　仪器＿＿＿　No.＿＿＿　点名＿＿＿　等级＿＿＿　日期＿＿年＿＿月＿＿日

天气＿＿＿＿　班级＿＿＿＿＿　　　组别＿＿＿＿＿＿＿　开始＿＿＿＿时＿＿＿分

成像＿＿＿＿　观测者＿＿＿＿　　　记录者＿＿＿＿＿　结束＿＿＿＿时＿＿＿分

方向号数名称及照准目标	读数							左-右(2C)	$\frac{左+右}{2}$	方向值	附注
	盘左			盘右							
	°	′	″	″	°	′	″	″	″	° ′ ″	
＿＿											
＿＿											
＿＿											
＿＿											
＿＿											

归零差：Δ左＝＿＿＿＿＿″，Δ右＝＿＿＿＿＿″。

任务 1.5　全站仪一级导线测量

一、实训目的

(1)掌握全站仪测回法测距和测角的观测方法；
(2)掌握导线测量数据的记录、计算与限差检核；
(3)掌握导线的内业计算。

二、实训器具

每个小组领取下列实训器具：2 秒级全站仪 1 台、配套的三脚架 1 个、带觇板的反光棱镜 2 套(含脚架)、记录板 1 块，自备 2H 铅笔、小刀、直尺等。

三、实训要求

(1)熟悉所用仪器的特性和操作方法，明确水平角观测和距离观测的要点与技术要求，掌握观测方法和记录计算方法；
(2)每小组合作完成一条至少由 4 点组成的闭合导线的观测与记录及计算工作；
(3)各小组要充分发扬团结协作精神，在组长的带领下，既要完成实训任务，又要让所有组员得到观测及记录的训练。
(4)技术要求：一级导线测量的技术要求，见表 1.29、表 1.30。

表 1.29　　　　　　　　　　导线水平角方向观测法的技术要求

等级	光学测微器两次重合读数之差(")	半测回归零差(")	一测回 2C 较差(")	同一方向值各测回较差(")
一级及以下	—	12	18	12

表 1.30　　　　　　　　　　导线测距的主要技术要求

平面控制网等级	仪器精度等级	每边测回数		一测回读数较差(mm)	单程各测回较差(mm)	往返测距较差(mm)
		往	返			
一级	10mm 级	2	—	≤10	≤15	—

注：测距"一测回"的含义是照准觇板 1 次，读数 2~4 次。

四、实训步骤

1. 踏勘选点
选点时应注意下列事项：

(1)相邻点间应相互通视良好，地势平坦，便于测角和量距；

(2)点位应选在土质坚实，便于安置仪器和保存标志的地方；

(3)导线边长应大致相等。

2. 建立临时性标志

导线点位置选定后，要在每一点位上打一个木桩，在桩顶钉一小钉，作为点的标志。也可在水泥地面上用红漆划一圆，圆内点一小点，作为临时标志，并对导线点统一编号。

3. 外业观测

(1)导线边长测量：在每个导线点上用全站仪分别进行单向观测(只观测导线前进方向的边长)，观测两测回；

(2)转折角测量：导线转折角的测量一般采用测回法、观测导线前进方向的左角，在每个导线点上观测两测回，分别按 0°00′00″和 90°00′00″配置度盘读数；

(3)每测站限差检核合格后方可迁站，直至把所有测站测完，得到合格的观测数据。

4. 内业计算

根据教师所给的起算数据计算导线点坐标。

五、注意事项

(1)记录员应向观测员回报数据后再做记录，并严格遵守记录规则。

(2)测定距离时，如果棱镜后方有反射物，则可以用黑布遮挡在棱镜的后面。

(3)安置仪器要稳定，脚架应踏牢，对中整平应仔细，短边时应特别注意对中，在地形起伏较大的地区观测时，应严格整平。

(4)观测时应严格遵守各项操作规定，例如：照准时应消除视差；水平角观测时，切勿误动度盘等。

(5)读数应准确，观测时应及时记录和计算。

(6)各项误差应在规定的限差以内，超限必须重测。

六、实训总结

(1)写出实训主要步骤。

(2)一级导线测量中包括哪些限差要求?

七、记录表格

表 1.31　　　　　　　　　　　　　　**一级导线观测记录表**

班级_____　　组号_____　　组长_____　　仪器_____　　编号_____

成像_____　　温度_____　　气压_____　　日期_____年____月___日

测站	测回	照准点	水平角读数		2C ($''$)	半测回角值 ($\circ\ '\ ''$)	一测回角值 ($\circ\ '\ ''$)	各测回平均角值 ($\circ\ '\ ''$)	备注
			盘左 ($\circ\ '\ ''$)	盘右 ($\circ\ '\ ''$)					

边名	测回	平距(m)	平距(m)	测回	平距(m)	平距(m)	测回间较差	距离平均值
	较差			较差				
	中数			中数				

表 1.32　　　　　　　　　　　　　　**一级导线观测记录表**

班级_____　　组号_____　　组长_____　　仪器_____　　编号_____

成像_____　　温度_____　　气压_____　　日期_____年____月___日

测站	测回	照准点	水平角读数		2C ($''$)	半测回角值 ($\circ\ '\ ''$)	一测回角值 ($\circ\ '\ ''$)	各测回平均角值 ($\circ\ '\ ''$)	备注
			盘左 ($\circ\ '\ ''$)	盘右 ($\circ\ '\ ''$)					

边名	测回	平距(m)	平距(m)	测回	平距(m)	平距(m)	测回间较差	距离平均值
	较差			较差				
	中数			中数				

表 1.33　　　　　　　　　　　　　**一级导线观测记录表**

班级＿＿＿＿＿＿＿　　组号＿＿＿＿＿＿＿　　组长＿＿＿＿＿＿＿　　仪器＿＿＿＿＿＿＿　　编号＿＿＿＿＿＿＿

成像＿＿＿＿＿＿＿　　温度＿＿＿＿＿＿＿　　气压＿＿＿＿＿＿＿　　日期＿＿＿＿年＿＿月＿＿日

测站	测回	照准点	水平角读数		2C (″)	半测回角值 (° ′ ″)	一测回角值 (° ′ ″)	各测回平均角值 (° ′ ″)	备注
			盘左 (° ′ ″)	盘右 (° ′ ″)					

边名	测回	平距(m)	平距(m)	测回	平距(m)	平距(m)		测回间较差	距离平均值
	较差			较差					
	中数			中数					

表 1.34　　　　　　　　　　　　　**一级导线观测记录表**

班级＿＿＿＿＿＿＿　　组号＿＿＿＿＿＿＿　　组长＿＿＿＿＿＿＿　　仪器＿＿＿＿＿＿＿　　编号＿＿＿＿＿＿＿

成像＿＿＿＿＿＿＿　　温度＿＿＿＿＿＿＿　　气压＿＿＿＿＿＿＿　　日期＿＿＿＿年＿＿月＿＿日

测站	测回	照准点	水平角读数		2C (″)	半测回角值 (° ′ ″)	一测回角值 (° ′ ″)	各测回平均角值 (° ′ ″)	备注
			盘左 (° ′ ″)	盘右 (° ′ ″)					

边名	测回	平距(m)	平距(m)	测回	平距(m)	平距(m)		测回间较差	距离平均值
	较差			较差					
	中数			中数					

表 1.35 导线计算表

点名	改正数(") 观测角值 (° ′ ″)	改正后 角值 (° ′ ″)	方位角 (° ′ ″)	边长 (m)	改正数(mm) 增量计算值(m)		改正后的坐标 增量值(m)		坐标 (m)	
					Δx_i	Δy_i	$\Delta x_{i改}$	$\Delta y_{i改}$	x	y
Σ										
辅助计算										

任务 1.6 三等水准测量

一、实训目的

(1)掌握三等水准测量的观测、记录、计算方法;

(2)掌握三等水准测量的主要技术指标,掌握测站及水准路线的检核方法;

(3)学会进行"测段小结"计算;

(4)掌握三等水准测量与四等水准测量的异同点。

二、实训器具

每个小组领取下列实训器具:S3 水准仪 1 台、三脚架 1 个、双面水准尺 1 对、尺垫 2 个、记录板 1 块,自备铅笔、小刀、直尺等。

三、实训要求

(1)每组在实训场地完成一条闭合水准路线三等水准测量的观测、记录、测站计算。

(2)根据教师给定的已知点高程,计算未知点高程。

(3)技术要求见表 1.36。

表 1.36   三等水准测量技术规定

等级	视线长度		前后视距差(m)	前后视距累积差(m)	视线离地面最低高度(m)	基辅分划读数差(mm)	基辅分划所得高差之差(mm)	水准路线测段往返测高差不符值(mm)
	仪器类型	视距(m)						
三	S3	≤75	≤3	≤6	≥0.3	2	3	$\leqslant \pm 12\sqrt{L}$

注: L 为往返测段、附合、闭合或环线的长度(km)。

四、实训步骤

(1)选定一条 3 点闭合水准路线,路线长度为 500m 左右。

(2)一个测站的观测按如下顺序进行:

后视黑面尺,读取上、下丝读数,再读取中丝读数;

前视黑面尺,读取中丝读数,再读取上、下丝读数;

前视红面尺,读取中丝读数;

后视红面尺，读取中丝读数。

(3)测站记录计算。

(4)依次设站按上述步骤进行观测。

(5)往测完毕后，进行返测。

(6)进行水准路线平差计算。

五、注意事项

(1)每测站所有计算数据计算完成并合格后才能搬站。

(2)每一测段的测站数要求为偶数。

(3)当第一测站前尺位置确定以后，两根尺要交替前进。

(4)在记录表中的方向及尺号栏内要写明尺号，在备注栏内写明相应尺号的 K 值。

六、实训总结

(1)写出实训主要步骤。

(2)写出三等水准测量每一测站的观测顺序和项目。

(3)三等水准测量每一测站计算出的数据有哪些?

(4)写出三等水准测量每一测站的限差要求。

七、实训表格

表 1.37   **三等水准测量记录手簿(往测)**

班级_____ 组号_____ 组长_____ 仪器_____ 编号_____

成像_____ 温度_____ 气压_____ 日期_____年____月____日

测站编号	测点	后尺 上丝/下丝 后距 视距差 d	前尺 上丝/下丝 前距 $\sum d$	方向及尺号	标尺读数 黑面(中丝)	标尺读数 红面(中丝)	K+黑-红	高差中数	备注
				后					
				前					
				后-前					
				后					
				前					
				后-前					
				后					
				前					
				后-前					
				后					
				前					
				后-前					
				后					
				前					
				后-前					
				后					
				前					
				后-前					
				后					
				前					
				后-前					
				后					
				前					
				后-前					

表 1.38　　　　　　　　　　**三等水准测量记录手簿（返测）**

班级＿＿＿＿＿＿　组号＿＿＿＿＿＿　组长＿＿＿＿＿＿　仪器＿＿＿＿＿＿　编号＿＿＿＿＿＿

成像＿＿＿＿＿＿　温度＿＿＿＿＿＿　气压＿＿＿＿＿＿　日期＿＿＿＿年＿＿＿月＿＿＿日

测站编号	测点	后尺 上丝／下丝 后距 视距差 d	前尺 上丝／下丝 前距 $\sum d$	方向及尺号	标尺读数 黑面（中丝）	标尺读数 红面（中丝）	$K+$黑$-$红	高差中数	备注
				后					
				前					
				后-前					
				后					
				前					
				后-前					
				后					
				前					
				后-前					
				后					
				前					
				后-前					
				后					
				前					
				后-前					
				后					
				前					
				后-前					
				后					
				前					
				后-前					
				后					
				前					
				后-前					

表 1.39　　　　　　　　　　　　　测段小结计算表

测段	往测路线长 （m）	返测路线长 （m）	平均路线长 （m）	往测高差 （m）	返测高差 （m）	平均高差 （m）

表 1.40　　　　　　　　　　　　　水准测量计算表

点号	路线长 L （km）	实测高差 h_i（m）	高差改正数 v_{h_i}（m）	改正后高差 $\hat{h}_i$（m）	高程 H （m）	备注
Σ						
辅助计算						

任务 1.7 二等水准测量(光学水准仪)

一、实训目的

(1)掌握精密水准测量的作业组织和一般作业规程;

(2)掌握二等水准测量的观测、记录和测站计算;

(3)掌握"测段小结"计算方法;

(4)掌握二等水准测量观测顺序与三等水准测量观测顺序的异同。

二、实训器具

每个小组领取下列实训器具:S1 光学水准仪 1 台、三脚架 1 个、因瓦标尺 1 对、尺垫 2 个、竹竿 4 根或尺撑 2 个、测绳或皮尺 1 根、记录板 1 块,自备铅笔、小刀、直尺等。

三、实训要求

(1)组长负责组织实训小组完成本实训项目,并对组员进行合理分工,要求每一位组员都能进行观测、记录和计算的训练。

(2)根据教师给定的已知点高程,计算未知点高程。

(3)观测程序:往测奇数站与返测偶数站为后—前—前—后;往测偶数站与返测奇数站为前—后—后—前。后—前—前—后的读数顺序为:后视基本分划上丝、下丝、中丝,前视基本分划中丝、上丝、下丝,前视辅助分划中丝,后视辅助分划中丝。前—后—后—前的读数顺序为:前视基本分划上丝、下丝、中丝,后视基本分划中丝、上丝、下丝,后视辅助分划中丝,前视辅助分划中丝。

(4)测站检核按表 1.41 的规定执行。

表 1.41　　　　　　　　　　　　　　二等水准测量的技术要求(光学)

等级	视线长度		前后视距差(m)	前后视距累积差(m)	视线高度(下丝读数)(m)	基辅分划读数之差(mm)	基辅分划所得高差之差(mm)	上下丝读数平均值与中丝读数之差		水准路线测段往返测高差不符值(mm)
	仪器类型	视距(m)						0.5cm分划标尺(mm)	1cm分划标尺(mm)	
二	S1	≤50	≤1.0	≤3.0	≥0.3	0.4	≤0.6	≤1.5	≤3.0	≤±4√L

注:①L 为往返测段、附合、闭合或环线的长度(km);

②测段小结参见《控制测量》教材,测段小结计算结果应与测站结果进行比对检核。

四、实训步骤

(1)从实训场地的某一水准点出发,选定一条3点闭合水准路线;或从一个水准点出发至另一水准点,选定一条4点附合水准路线,路线长度为400~500m。

(2)采用测绳或皮尺量距使前后视距相等,安置水准仪,观测顺序为:

往测奇数站的观测程序:后前前后;

往测偶数站的观测程序:前后后前;

返测奇数站的观测程序:前后后前;

返测偶数站的观测程序:后前前后。

(3)测站记录计算。

以往测奇数测站为例,记录按表1.42"二等水准测量记录手簿"中表头的顺序(1)~(8),计算按表头的顺序(9)~(18):

后视距离(9)= 100×((1)-(2));

前视距离(10)= 100×((5)-(6));

视距之差(11)=(9)-(10);

视距累计差(12)= 本站(11)+上站(12);

基辅分划差(13)=(4)+K-(7),(K=30155),

(14)=(3)+K-(8);

基本分划高差(15)=(3)-(4),辅助分划高差(16)=(8)-(7);

基辅高差之差(17)=(15)-(16)=(14)-(13);

平均高差(18)={(15)+(16)}/2;

每站读数结束记录(1)~(8),随即进行(9)~(18)各项的计算,并按表1.41进行各项检查,满足限差后才能搬站。

表1.42 二等水准测量记录手簿

测站编号	后尺	上丝	前尺	上丝	方向及尺号	标尺读数		基+K-辅 (一减二)	备注
		下丝		下丝		基本分划 (一次)	辅助分划 (二次)		
	后视		前视						
	视距差 d		∑d						
	(1)		(5)		后	(3)	(8)	(14)	
	(2)		(6)		前	(4)	(7)	(13)	
	(9)		(10)		后-前	(15)	(16)	(17)	
	(11)		(12)		h		(18)		

(4)依次设站按规定顺序进行观测、记录、计算。

(5)往测完毕后，进行返测。

(6)进行水准路线平差计算。

五、注意事项

(1)观测前 30 分钟，应将仪器置于露天阴影处，使仪器与外界气温趋于一致；观测时应用测伞遮蔽阳光；迁站时应罩以仪器罩。

(2)在连续各测站上安置水准仪时，应使其中两脚螺旋与水准路线方向平行，而第三脚螺旋轮换置于路线方向的左侧与右侧。

(3)正确使用精密水准仪进行读数。上下丝读数时要用上下丝平分某一刻划，读取中丝读数时要用楔形丝卡准标尺某一整数刻划，这要通过旋转测微螺旋来实现。

(4)注意保护水准标尺的尺面和底面。如标尺需要短时放置休息时，斜放要使两标尺尺面相对，侧放，且保证标尺不能滑倒；平放要收回扶尺环，侧面着地；标尺底面不可直接落在地上；标尺需要较长时间放置时，一定要将其放置到尺箱之内。

(5)各项记录正确整齐、清晰，严禁涂改。原始读数的米、分米值有错时，可以整齐地划去，现场更正，但厘米及其以下读数一律不得更改，如有读错记错，必须重测，严禁涂改。

(6)每一站上的记录、计算待检查全部合格后才可迁站。

(7)量距要保持通视，前后视距要尽量相等并且要保证一定的视线高度，尽可能使仪器和前后标尺在一条直线上。

(8)如水准仪与测微器为分体结构，则在使用时，应对测微器采取加固措施。

(9)扶尺应使用竹竿，绝不可脱手，以防摔坏标尺。

六、实训总结

(1)写出实训主要步骤。

(2)写出二等水准测量的观测程序。

(3)写出二等水准测量每一测站的计算内容与检核项目。

七、实训表格

表 1.43-1   **二等水准测量记录手簿(光学、往测)**

班级_____ 组号_____ 组长_____ 仪器_____ 编号_____

成像_____ 温度_____ 气压_____ 日期_____年___月___日

测站编号	后尺 上丝 下丝 后视距 视距差 d	前尺 上丝 下丝 前视距 $\sum d$	方向及尺号	标尺读数 基本分划(一次)	标尺读数 辅助分划(二次)	基+K-辅(一减二)	备注
			后				
			前				
			后-前				
			h				
			后				
			前				
			后-前				
			h				
			后				
			前				
			后-前				
			h				
			后				
			前				
			后-前				
			h				
			后				
			前				
			后-前				
			h				
			后				
			前				
			后-前				
			h				
			后				
			前				
			后-前				
			h				
			后				
			前				
			后-前				
			h				

表 1.43-2　　　　　　　**二等水准测量记录手簿(光学、往测)**

班级＿＿＿＿＿　组号＿＿＿＿＿　组长＿＿＿＿＿　仪器＿＿＿＿＿　编号＿＿＿＿＿

成像＿＿＿＿＿　温度＿＿＿＿＿　气压＿＿＿＿＿　日期＿＿＿年＿＿月＿＿日

测站编号	后尺 上丝 / 下丝	前尺 上丝 / 下丝	方向及尺号	标尺读数		基+K-辅 (一减二)	备注
				基本分划 (一次)	辅助分划 (二次)		
	后视距	前视距					
	视距差 d	$\sum d$					
			后				
			前				
			后-前				
			h				
			后				
			前				
			后-前				
			h				
			后				
			前				
			后-前				
			h				
			后				
			前				
			后-前				
			h				
			后				
			前				
			后-前				
			h				
			后				
			前				
			后-前				
			h				
			后				
			前				
			后-前				
			h				
			后				
			前				
			后-前				
			h				

表 1.43-3   **二等水准测量记录手簿(光学、往测)**

班级_____   组号_____   组长_____   仪器_____   编号_____

成像_____   温度_____   气压_____   日期_____年___月___日

测站编号	后尺 上丝 下丝	前尺 上丝 下丝	方向及尺号	标尺 读 数		基+K-辅 (一减二)	备 注
	后视距	前视距		基本分划 (一次)	辅助分划 (二次)		
	视距差 d	$\sum d$					
			后				
			前				
			后-前				
			h				
			后				
			前				
			后-前				
			h				
			后				
			前				
			后-前				
			h				
			后				
			前				
			后-前				
			h				
			后				
			前				
			后-前				
			h				
			后				
			前				
			后-前				
			h				
			后				
			前				
			后-前				
			h				
			后				
			前				
			后-前				
			h				

表 1.44-1　　　　　　　　　**二等水准测量记录手簿(光学、返测)**

班级_____　组号_____　组长_____　仪器_____　编号_____

成像_____　温度_____　气压_____　日期_____年___月___日

测站编号	后尺 上丝 下丝	前尺 上丝 下丝	方向及尺号	标 尺 读 数		基+K-辅 (一减二)	备 注
	后视距 视距差 d	前视距 $\sum d$		基本分划 (一次)	辅助分划 (二次)		
			后				
			前				
			后-前				
			h				
			后				
			前				
			后-前				
			h				
			后				
			前				
			后-前				
			h				
			后				
			前				
			后-前				
			h				
			后				
			前				
			后-前				
			h				
			后				
			前				
			后-前				
			h				
			后				
			前				
			后-前				
			h				
			后				
			前				
			后-前				
			h				

43

表 1.44-2　　　　　　　　　　**二等水准测量记录手簿(光学、返测)**

班级＿＿＿＿＿　组号＿＿＿＿＿　组长＿＿＿＿＿　仪器＿＿＿＿＿　编号＿＿＿＿＿

成像＿＿＿＿＿　温度＿＿＿＿＿　气压＿＿＿＿＿　日期＿＿＿＿年＿＿月＿＿日

测站编号	后尺 上丝 下丝	前尺 上丝 下丝	方向及尺号	标尺读数		基+K-辅 (一减二)	备注
	后视距 视距差 d	前视距 $\sum d$		基本分划 (一次)	辅助分划 (二次)		
			后				
			前				
			后-前				
			h				
			后				
			前				
			后-前				
			h				
			后				
			前				
			后-前				
			h				
			后				
			前				
			后-前				
			h				
			后				
			前				
			后-前				
			h				
			后				
			前				
			后-前				
			h				
			后				
			前				
			后-前				
			h				
			后				
			前				
			后-前				
			h				

表 1.44-3 　　　　　　**二等水准测量记录手簿(光学、返测)**

班级_____ 组号_____ 组长_____ 仪器_____ 编号_____

成像_____ 温度_____ 气压_____ 日期_____年___月___日

测站编号	后尺 上丝 下丝	前尺 上丝 下丝	方向及尺号	标尺读数		基+K-辅(一减二)	备注
	后视距	前视距		基本分划(一次)	辅助分划(二次)		
	视距差 d	$\sum d$					
			后				
			前				
			后-前				
			h				
			后				
			前				
			后-前				
			h				
			后				
			前				
			后-前				
			h				
			后				
			前				
			后-前				
			h				
			后				
			前				
			后-前				
			h				
			后				
			前				
			后-前				
			h				
			后				
			前				
			后-前				
			h				
			后				
			前				
			后-前				
			h				

表 1.45   **测段小结计算表**

测段	往测路线长（m）	返测路线长（m）	平均路线长（m）	往测高差（m）	返测高差（m）	平均高差（m）

表 1.46   **水准测量计算表**

点号	路线长 L（km）	实测高差 h_i(m)	高差改正数 v_{h_i}(m)	改正后高差 $\hat{h}_i$(m)	高程 H（m）	备注
$\sum$						
辅助计算						

任务 1.8　二等水准测量(电子水准仪)

一、实训目的

(1)熟悉精密水准测量的作业组织和一般作业规程;

(2)熟悉二等水准测量的观测、记录、计算方法;

(3)熟悉"测段小结"计算。

二、实训器具

每个小组领取下列实训器具:S1 电子水准仪 1 台、三脚架 1 个、条码标尺 1 对、尺垫 2 个、竹竿 4 根或尺撑 2 个、测绳或皮尺 1 根、记录板 1 块,自备铅笔、小刀、直尺等。

三、实训要求

(1)观测程序:往测奇数站与返测偶数站为后—前—前—后;往测偶数站与返测奇数站为前—后—后—前。

(2)测站检核按表 1.47 执行。

表 1.47 　　　　　　　　　　　二等水准测量的技术要求(电子)

视线长度(m)	前后视距差(m)	前后视距累积差(m)	视线高度(m)	两次读数所得高差之差(mm)	水准仪重复测量次数	测段、环线闭合差(mm)
≥3 且 ≤50	≤1.5	≤6.0	≤2.80 且 ≥0.55	≤0.6	≥2 次	≤ ±4$\sqrt{L}$

注:①L 为路线的总长度,以 km 为单位。

②数字水准仪观测,不受基、辅分划较差指标的限制,但测站两次观测的高差较差,应满足表中相应等级基、辅分划的限值。

四、实训步骤

(1)从实训场地的某一水准点出发,选定一条 3 点闭合水准路线;或从一个水准点出发至另一水准点,选定一条 4 点附合水准路线,路线长度为 400~500m。

(2)采用测绳或皮尺量距使前后视距相等,安置水准仪,观测顺序为:

往测奇数站的观测顺序:后前前后;

往测偶数站的观测顺序:前后后前;

返测奇数站的观测顺序：前后后前；

返测偶数站的观测顺序：后前前后。

(3)进行测站记录计算。

(4)依次设站按规定顺序进行观测、记录、计算。往测完毕后，进行返测。

(5)进行水准路线平差计算。

五、实训表格

表 1.48-1 　　　　　　　　　**二等水准观测记录手簿(电子、往测)**

班级＿＿＿＿＿　组号＿＿＿＿＿　组长＿＿＿＿＿　仪器＿＿＿＿＿　编号＿＿＿＿＿

成像＿＿＿＿＿　温度＿＿＿＿＿　气压＿＿＿＿＿　日期＿＿＿年＿＿月＿＿日

测站编号	后距	前距	方向及尺号	标尺读数		两次读数之差	备注
	视距差	累积视距差		第一次读数	第二次读数		
			后				
			前				
			后-前				
			h				
			后				
			前				
			后-前				
			h				
			后				
			前				
			后-前				
			h				
			后				
			前				
			后-前				
			h				
			后				
			前				
			后-前				
			h				
			后				
			前				
			后-前				
			h				
			后				
			前				
			后-前				
			h				
			后				
			前				
			后-前				
			h				

表 1.48-2　　　　　　**二等水准观测记录手簿(电子、往测)**

班级_____　组号_____　组长_____　仪器_____　编号_____

成像_____　温度_____　气压_____　日期_____年___月___日

测站编号	后距 视距差	前距 累积视距差	方向及尺号	标尺读数		两次读数之差	备注
				第一次读数	第二次读数		
			后				
			前				
			后-前				
			h				
			后				
			前				
			后-前				
			h				
			后				
			前				
			后-前				
			h				
			后				
			前				
			后-前				
			h				
			后				
			前				
			后-前				
			h				
			后				
			前				
			后-前				
			h				
			后				
			前				
			后-前				
			h				
			后				
			前				
			后-前				
			h				

表 1.48-3　　　　　　　　　二等水准观测记录手簿(电子、往测)

班级_____ 组号_____ 组长_____ 仪器_____ 编号_____

成像_____ 温度_____ 气压_____ 日期_____年___月___日

测站编号	后距	前距	方向及尺号	标尺读数		两次读数之差	备注
	视距差	累积视距差		第一次读数	第二次读数		
			后				
			前				
			后-前				
			h				
			后				
			前				
			后-前				
			h				
			后				
			前				
			后-前				
			h				
			后				
			前				
			后-前				
			h				
			后				
			前				
			后-前				
			h				
			后				
			前				
			后-前				
			h				
			后				
			前				
			后-前				
			h				
			后				
			前				
			后-前				
			h				

表 1.49-1　　　　　　　　**二等水准观测记录手簿(电子、返测)**

班级_____　组号_____　组长_____　仪器_____　编号_____

成像_____　温度_____　气压_____　日期_____年___月___日

测站编号	后距 视距差	前距 累积视距差	方向及尺号	标尺读数		两次读数之差	备注
				第一次读数	第二次读数		
			后				
			前				
			后-前				
			h				
			后				
			前				
			后-前				
			h				
			后				
			前				
			后-前				
			h				
			后				
			前				
			后-前				
			h				
			后				
			前				
			后-前				
			h				
			后				
			前				
			后-前				
			h				
			后				
			前				
			后-前				
			h				
			后				
			前				
			后-前				
			h				

表 1.49-2   **二等水准观测记录手簿(电子、返测)**

班级_____ 组号_____ 组长_____ 仪器_____ 编号_____
成像_____ 温度_____ 气压_____ 日期____年__月__日

测站编号	后距 视距差	前距 累积视距差	方向及 尺号	标尺读数		两次读数 之差	备注
				第一次读数	第二次读数		
			后				
			前				
			后-前				
			h				
			后				
			前				
			后-前				
			h				
			后				
			前				
			后-前				
			h				
			后				
			前				
			后-前				
			h				
			后				
			前				
			后-前				
			h				
			后				
			前				
			后-前				
			h				
			后				
			前				
			后-前				
			h				
			后				
			前				
			后-前				
			h				

表 1.49-3　　　　　　　　**二等水准观测记录手簿(电子、返测)**

班级_____　组号_____　组长_____　仪器_____　编号_____

成像_____　温度_____　气压_____　日期_____年___月___日

测站编号	后距	前距	方向及尺号	标尺读数		两次读数之差	备注
	视距差	累积视距差		第一次读数	第二次读数		
			后				
			前				
			后-前				
			h				
			后				
			前				
			后-前				
			h				
			后				
			前				
			后-前				
			h				
			后				
			前				
			后-前				
			h				
			后				
			前				
			后-前				
			h				
			后				
			前				
			后-前				
			h				
			后				
			前				
			后-前				
			h				
			后				
			前				
			后-前				
			h				

表 1.50　　　　　　　　　　　　测段小结计算表

测段	往测路线长（m）	返测路线长（m）	平均路线长（m）	往测高差（m）	返测高差（m）	平均高差（m）

表 1.51　　　　　　　　　　　　水准测量计算表

点号	路线长 L（km）	实测高差 h_i（m）	高差改正数 v_{h_i}（m）	改正后高差 $\hat{h}_i$（m）	高程 H（m）	备注
$\sum$						
辅助计算						

任务 1.9　精密水准仪 i 角的检验

一、实训目的

(1)了解精密水准仪各轴线间应满足的条件；

(2)进一步熟悉精密水准仪的读数方法；

(3)掌握精密水准仪水准管轴平行于视准轴的检验方法。

二、实训器具

每个小组领取下列实训器具：S1 水准仪 1 台、三脚架 1 个、尺垫 2 个、因瓦标尺 1 对、扶尺竹竿 4 根或尺撑 2 个、皮尺或测绳 1 根、记录板 1 块，自备铅笔、小刀、直尺等。

三、实训要求

(1)水准仪检验应在平坦场地进行。

(2)精度指标：对于 S1 水准仪，视准轴与水准管轴的夹角 i 不应超过 15″。

四、实训步骤

(1)在平坦地面的一直线上选定 J_1、A、B、J_2 四点，点间距均为 20.6m。J_1、J_2 点架设仪器，A、B 点立水准尺，如图 1-3 所示。

(2)J_1 和 J_2 点用小木桩或测钎做标志，A 和 B 点安置尺垫。水准仪先安置于 J_1 点，精平仪器后分别读取 A、B 点上水准尺的读数 a_1、b_1。如果 $i=0$，视线水平，在 A、B 点上，水准尺的读数应为 a_1'、b_1'，由 i 角引起的读数误差分别为 Δ 和 2Δ。然后把仪器搬至 J_2 点，精平仪器，分别读取 A、B 点上水准尺的读数 a_2、b_2。视线水平时的正确读数应为 a_2'、b_2'，读数误差分别为 2Δ 和 Δ。

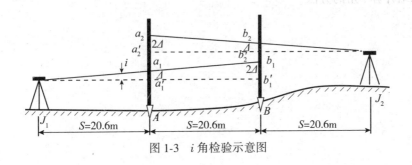

图 1-3　i 角检验示意图

（3）计算 i 角：

$$h_1 = a_1 - b_1, \ \ h_2 = a_2 - b_2, \ \ \Delta = \frac{(h_2 - h_1)}{2}$$

由于：$\Delta = \dfrac{S}{\rho''}i''$，　故：$i'' = \dfrac{\rho''}{S}\Delta = \dfrac{\rho''}{2S}(h_2 - h_1)$。

五、注意事项

（1）水准仪安放到三脚架架头上，必须旋紧连接螺旋，使连接牢固；

（2）测微器与水准仪要连接牢固；

（3）瞄准目标时，必须消除视差；

（4）立水准尺时，水准尺气泡必须居中；

（5）一定要正确地使用测微器及楔形丝进行读数。

六、实训总结

（1）总结实训主要步骤。

（2）写出精密水准仪 i 角的检验原理。

（3）总结计算 i 角的方法。

七、实训表格

表 1.52　　　　　　　　　　　　水准仪 i 角检验记录表

仪器＿＿＿＿＿＿＿＿　　水准尺：No.＿＿＿＿＿＿＿＿　　观测者＿＿＿＿＿＿＿＿

时间＿＿＿＿＿＿＿＿　　No.＿＿＿＿＿＿＿＿　　　　记录者＿＿＿＿＿＿＿＿

日期＿＿＿＿＿＿＿＿　　成像＿＿＿＿＿＿＿＿　　　　检查者＿＿＿＿＿＿＿＿

测站	观测次序	水准标尺读数		高差 $(a-b)$ mm	i 角的计算
		A 尺读数 a	B 尺读数 b		
	1				
	2				
	3				
	4				
	中数				
	1				
	2				
	3				
	4				
	中数				
	1				
	2				
	3				
	4				
	中数				
	1				
	2				
	3				
	4				
	中数				

附图：

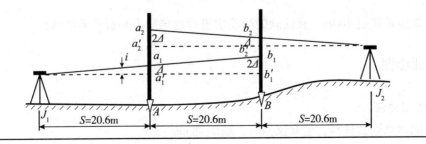

任务 1.10 三角高程测量

一、实训目的

(1)掌握三角高程测量的原理和计算方法；

(2)掌握三角高程测量两差改正的计算公式；

(3)掌握三角高程测量的外业观测方法；

(4)掌握五等三角高程测量的相关技术要求。

二、实训器具

每个小组领取下列实训器具：全站仪 1 台、配套的三脚架 1 个、带觇板的反光棱镜 2 套(含脚架)、小卷尺 1 个、记录板 1 块，自备 2H 铅笔、小刀、直尺等。

三、实训要求

(1)每组选定 4 个点，布设成四点闭合三角高程导线。

(2)垂直角观测两测回，在每个点位上皆进行垂直角的双向观测，要正确区分直反觇。

(3)边长测量，要求往返测各测一测回，等外高程导线测量一测回可以只读数 2 次。

(4)仪器、反光镜的高度，应在观测前后各量测一次并精确至 1mm，取其平均值作为最终高度。

(5)电磁波测距三角高程测量的主要技术要求，应符合表 1.53 的规定。

表 1.53 　　　　　　　　　　电磁波测距三角高程测量的主要技术要求

等级	边长 (km)	测回数	边长一测回读数较差 (mm)	边长各测回平均值较差 (mm)	竖盘指标差较差 (″)	垂直角测回较差 (″)	观测次数	对向观测高差较差 (mm)	附合或环形闭合差 (mm)	
									平原、丘陵	山区
等外	≤1	2	5	7	≤6	≤6	对向观测	$\pm 45\sqrt{D}$	$\pm 20\sqrt{D}$	$\pm 25\sqrt{D}$

(6)如边长超过 400m，直反觇的高差应进行地球曲率和折光差的改正。

四、实训步骤

1. 观测方法

(1)测站点安置仪器，量取仪器高，精确到 mm。

（2）后视点和前视点分别安置反光棱镜，量取镜高，精确到 mm。

（3）盘左照准后视棱镜，记录竖盘读数，进行一测回距离测量（一测回的含义是观测 1 次，读数 2~4 次的过程），记录斜距，计算平均斜距。

（4）盘右照准后视棱镜，记录竖盘读数，计算一测回垂直角。

（5）重复（3）、（4）步进行垂直角第 2 测回观测。

（6）照准前视棱镜，按（3）、（4）步进行 1 个测回斜距和 2 个测回垂直角的观测。

（7）全站仪搬至前视点位，后视棱镜搬至测站点，前视棱镜搬至前进方向的下一个点位，按上述方法进行下一个测站的观测，直至终点。

2. 电磁波测距三角高程测量的高差计算

$$h = S\sin\alpha + (1 - K)\frac{S^2}{2R}\cos^2\alpha + i - v$$

式中，h 为测站与镜站之间的高差；α 为垂直角；S 为经气象改正后的斜距；K 为大气折光系数，取值 0.14；i 为全站仪仪器高；v 为反光镜的高度。

3. 三角高程导线平差计算

按教师给定的已知数据进行平差计算。

五、注意事项

（1）竖直角观测时应以中丝照准棱镜中心。

（2）安置好仪器后应及时量取仪器高，以免在测好后忘记量取仪器高却移动了仪器。

（3）当 $D<400$m 时，可不进行两差改正。

（4）起讫点的精度等级应不低于四等的高程点。

（5）线路长度不应超过相应等级水准路线的总长度。

六、实训总结

（1）写出实训主要步骤。

（2）写出等外三角高程测量高差的计算方法。

七、实训表格

表 1.54   **全站仪三角高程测量记录表**

班级_____ 组号_____ 组长_____ 仪器_____ 编号_____

成像_____ 温度_____ 气压_____ 日期_____年___月___日

测站	目标	竖盘位置	竖直度盘读数 (° ′ ″)	半测回竖直角 (° ′ ″)	指标差 (″)	一测回竖直角 (° ′ ″)	各测回竖直角平均值 (° ′ ″)	斜距 (m)	平均斜距 (m)	仪器高 (m) 目标高 (m)
		左								
		右								
		左								
		右								
		左								
		右								
		左								
		右								
		左								
		右								
		左								
		右								
		左								
		右								
		左								
		右								
		左								
		右								
		左								
		右								
		左								
		右								
		左								
		右								
		左								
		右								
		左								
		右								
		左								
		右								
		左								
		右								

表 1.55　　　　　　　　　　　　　　全站仪三角高程测量计算表

边名			
测向			
观测斜距 S			
竖直角 α			
仪器高 i			
棱镜高 v			
$h' = S\sin\alpha + i - v$			
$E = CS^2\cos^2\alpha$			
$h = h' + E$			
直反觇不符值			
高差中数			
边名			
测向			
观测斜距 S			
竖直角 α			
仪器高 i			
棱镜高 v			
$h' = S\sin\alpha + i - v$			
$E = CD^2\cos^2\alpha$			
$h = h' + E$			
直反觇不符值			
高差中数			

表 1.56　　　　　　　　　　　　　　三角高程路线平差计算表

点号	路线长 L（km）	平均高差 h_i（m）	高差改正数 v_{h_i}（m）	改正后高差 $\hat{h}_i$（m）	高程 H（m）	备注
Σ						
辅助计算						

项目2 技 能 训 练

项 目 描 述

理论教学、单项实训、技能训练、综合实训是"控制测量"课程四个重要的教学环节。在完成理论教学的基础上，通过技能训练，检验所学的理论知识，提升测量数据处理能力。

任务2.1 闭合导线近似平差计算

一、训练目的

(1)熟悉闭合导线近似平差计算的手算方法和各项限差要求；

(2)掌握平差易软件(PA2005)的功能及应用，主要包括：软件功能、平差计算步骤、平差结果分析等；

(3)掌握采用平差易软件进行闭合导线近似平差的操作步骤。

二、训练要求

(1)用手算方法进行闭合导线的近似平差计算；

(2)用平差易软件进行闭合导线的近似平差计算；

(3)比较两者计算结果上的差异，并分析原因。

三、训练内容

如图 2-1 所示为城市一级闭合导线，已知 SX 点坐标为(x_{SX} = 1978.354m， y_{SX} = 2380.807m)，A 点坐标为(x_A = 1658.602m， y_A = 2691.804m)，外业观测边长和角度如图 2-1 所示，计算导线各点的坐标。

四、训练指导

(一)闭合导线近似平差计算

(1)反算出起始方向的坐标方位角；

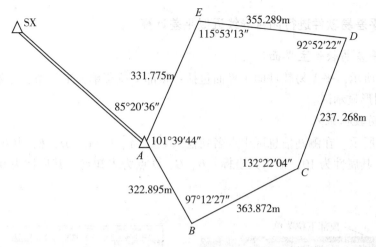

图 2-1　导线观测略图

（2）计算出所有观测角、边长的和；

（3）计算出角度闭合差，对角度闭合差进行平均分配，计算出改正后的角；

（4）根据起始方向的坐标方位角，利用改正后的角推算出每条导线边的坐标方位角；

（5）计算坐标增量，进而计算出坐标增量闭合差，并对坐标增量闭合差进行调整，计算改正后的坐标增量；

（6）计算出各导线点的坐标。

表 2.1　　　　　　　　　　　　　　导线计算表

点名	改正数(″) 观测角值 (° ′ ″)	改正后角值 (° ′ ″)	方位角 (° ′ ″)	边长 (m)	改正数(mm) 增量计算值(m)		改正后的坐标 增量值(m)		坐标 (m)	
					Δx_i	Δy_i	$\Delta x_{i改}$	$\Delta y_{i改}$	x	y
Σ										
辅助计算										

(二) 用平差易软件进行闭合导线近似平差计算

1. 熟悉平差易软件主界面

如图 2-2 所示, 平差易软件的主界面包括: 顶部下拉菜单、工具条、测站信息区、观测信息区、图形显示区。

2. 控制网数据录入

如图 2-3 所示, 在测站信息区中点名列输入 SX、A、B、C、D、E, 其中 SX、A 点为已知坐标点, 其属性为 10, 输入其坐标; B、C、D 点为未知点, 其属性为 00, 其他信息为空。

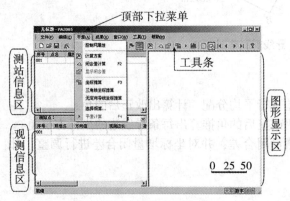

图 2-2 平差易软件操作界面

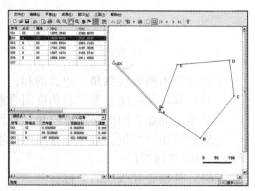

图 2-3 控制网数据录入

根据控制网的类型选择数据输入格式, 导线网属于边角网, 选择边角格式。如图 2-4 所示。

测站点:	B	格式:	(1) 边角 ▼
			(0) 显示全部
序号	照准名	方向值	观 (1) 边角
001	A	0.000000	0 (2) 测角
002	C	97.122700	38 (3) 测边
003			(4) 水准
			(5) 三角高程
			(6) 导线水准
◀		▓	(7) 三角高程导线
就绪			

图 2-4 选择格式

在观测信息区中输入每一个测站点的观测信息, 如选定 A 点作为测站点, 照准方向为 3 个, 以 SX 为定向点, 输入方向值 (定向点的方向值必须为 0), 照准 E 点输入连接角, 照准 B 点输入连接角与 A 点转折角的和以及 AB 边的边长。如图 2-5 所示。

3. 坐标推算

用鼠标点击菜单"平差 \ 推算坐标"进行坐标的推算, 如图 2-6 所示, 作为构成动态网图和导线平差的基础。

序号	照准名	方向值	观测边长
001	SX	0.000000	0.000000
002	E	65.203600	0.000000
003	B	167.002000	322.895000
004			

图 2-5　测站观测信息输入　　　　　　　图 2-6　坐标推算

4. 选择计算方案

选择控制网等级、参数和平差方法，本例控制网等级选择为"城市一级"，如图 2-7 所示。

5. 闭合差计算与检核

根据观测值和"计算方案"中的设定参数来计算控制网的闭合差和限差，从而检查控制网的角度闭合差是否超限，同时检查分析观测粗差或误差。

点击"平差 \ 闭合差计算"，显示网形和闭合差信息，如图 2-8 所示。

图 2-7　选择计算方案

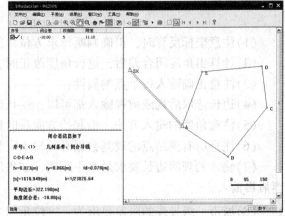

图 2-8　闭合差计算

6. 平差计算

用鼠标点击菜单"平差 \ 平差计算"即可进行控制网的平差计算。

7. 平差报告的生成和输出

点击菜单"成果"下的菜单项，即可进行相应的工作。

如图 2-9 所示，点击"输出到 WORD"，即将平差报告生成 WORD 文档，表 2.2 即为 WORD 文档中的距离观测成果表。

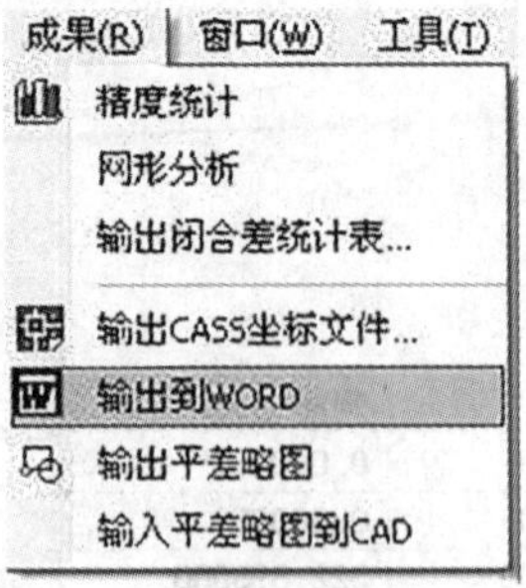

图 2-9　平差报告的输出

表 2.2　　　　　　　　　　　　距离观测成果表

测站	照准	距离(m)	改正数(m)	平差后值(m)	方位角(°)
A	B	322.8950	−0.0209	322.8741	122.480146
B	C	363.7220	−0.0075	363.7145	40.002402
C	D	237.2680	0.0095	237.2775	352.223163
D	E	355.2890	0.0198	355.3088	265.150218
E	A	331.7750	0.0004	331.7754	201.082022

五、注意事项

(1)注意坐标反算时，正确判断待求方位角的象限；

(2)计算出角度闭合差后，进行角度改正时，左角反号分配，右角同号分配；

(3)注意正确输入每个点的属性；

(4)边长选取后视或前视输入都可以，一旦确定则必须保持一致；

(5)注意角度的输入方法：沿起始方向顺时针旋转到目标方向所形成的角度；

(6)注意所有测站点的观测数据必须输入完整；

(7)输入的观测边长要求是水平距离，如果测定的是斜距，则需要将其化算成水平距离后再输入。

(8)城市一级导线的限差要求为：方位角闭合差 $f_\beta \leqslant \pm 10'' \sqrt{n}$，$n$ 为测站数；导线相对闭合差 $\leqslant 1/15000$。

六、训练总结

(1)写出用平差易软件进行闭合导线近似平差的主要步骤。

（2）城市一级导线的限差要求是什么？

（3）填写平差易导线控制点成果表 2.3。

表 2.3 控制点成果表

导线点	$x(m)$	$y(m)$	备注
SX			
A			
B			
C			
D			
E			

（4）写出用平差易软件进行导线计算、进行控制点数据录入的注意事项。

任务 2.2 附合导线严密平差计算

一、训练目的

(1)熟悉附合导线近似平差计算的手算方法;
(2)熟悉平差易软件(PA2005)的功能及应用;
(3)掌握用平差易软件进行附合导线严密平差的操作步骤。

二、训练要求

(1)用手算方法进行附合导线的近似平差计算;
(2)用平差易软件进行附合导线的严密平差计算;
(3)通过对不同项目进行概算,比较结果上的差异,并比较其与近似平差结果上的不同,总结是否进行概算对导线平差结果的影响程度。

三、训练内容

如图 2-10 所示为四等附合导线,外业观测的边长和角度数据如图 2-10 所示,已知数据如表 2.4 所示,城市平均高程面的高程为 120m,计算导线点 1、2、3 点的坐标。

表 2.4 导线已知数据

测站点	x(m)	y(m)
A	8345.8709	5216.6021
B	7396.2520	5530.0090
C	4817.6050	9341.4820
D	4467.5243	8404.7624

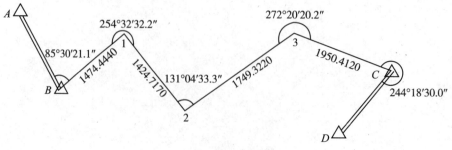

图 2-10 导线观测略图

四、训练指导

(一) 在表 2.5 中完成附合导线近似平差计算

(1)反算出起始边及终边的坐标方位角;

(2)计算出所有观测角、边长的和;

(3)根据起始边坐标方位角以及观测角推算出终止边的坐标方位角,计算出角度闭合差,对角度闭合差进行平均分配,计算出改正后的角;

(4)根据起始方向的坐标方位角,利用改正后的角推算出每条导线边的坐标方位角;

(5)计算坐标增量,进而计算出坐标增量闭合差,并对坐标增量闭合差进行调整,计算改正后的坐标增量;

(6)计算出各导线点的坐标。

表 2.5　　　　　　　　　　　　导线计算表

点名	改正数(″)观测角值(° ′ ″)	改正后角值(° ′ ″)	方位角(° ′ ″)	边长(m)	改正数(mm)增量计算值(m)		改正后的坐标增量值(m)		坐标(m)	
					Δx_i	Δy_i	$\Delta x_{i改}$	$\Delta y_{i改}$	x	y
Σ										
辅助计算										

（二）用平差易软件进行附合导线严密平差计算

1. 控制网数据录入

在测站信息区中点名列输入 A、B、1、2、3、C、D，其中 A、B、C、D 为已知坐标点，其属性为 10，输入其坐标；1、2、3 点为未知点，其属性为 00，其他信息为空。选定相应的测站后，输入每一测站的观测信息，即方向值和边长。

2. 坐标推算

用鼠标点击菜单"平差 \ 推算坐标"进行坐标的推算，显示网形，如图 2-11 所示。

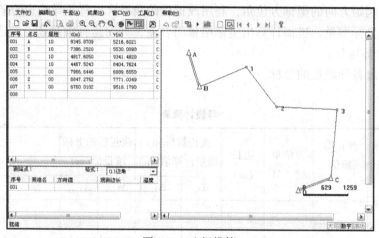

图 2-11　坐标推算

3. 坐标概算

用鼠标点击菜单"平差 \ 选择概算"进行坐标的概算，如图 2-12 所示。本例中仅进行方向改化和变长投影改正，在"测距边水平距离的高程归化"中选择"城市平均高程面的高程"，输入高程值。

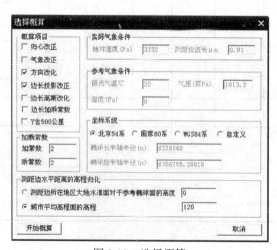

图 2-12　选择概算

4. 选择计算方案

选择控制网等级、参数和平差方法，本例控制网等级选择为"四等"。

5. 闭合差计算与检核

点击"平差\闭合差计算"，显示闭合差，如图 2-13 所示。

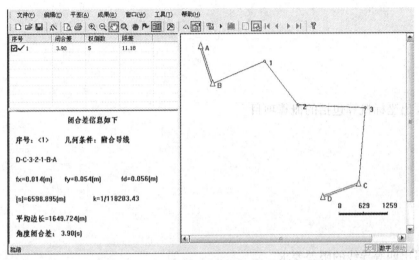

图 2-13　闭合差计算

6. 平差计算

用鼠标点击菜单"平差\平差计算"即可进行控制网的平差计算。

7. 平差报告的生成和输出

点击菜单"成果"下的菜单项，即可进行相应的工作。

五、注意事项

(1)注意坐标反算时，正确判断待求方位角的象限；

(2)计算出角度闭合差后，进行角度改正时，左角反号分配，右角同号分配；

(3)注意正确输入每个点的属性；

(4)边长选取后视或前视输入都可以，一旦确定则必须保持一致；

(5)注意角度的输入方法：沿起始方向顺时针旋转到目标方向所形成的角度；

(6)注意所有测站点的观测数据必须输入完整；

(7)输入的观测边长要求是水平距离，如果测定的是斜距，则需要将其化算成水平距离后再输入。

(8)四等导线的限差要求为：方位角闭合差 $f_\beta \leqslant \pm 5\sqrt{n}$，$n$ 为测站数；导线相对闭合差 $\leqslant 1/35000$。

六、训练总结

(1)列出用平差易软件进行附合导线严密平差的主要步骤。

(2)写出坐标概算包括的概算项目。

(3)写出四等导线的限差要求。

(4)填写未做概算的导线控制点成果表 2.6。

表 2.6 控制点成果表

导线点	x(m)	y(m)	备注

(5)填写只作方向改化的导线控制点成果表 2.7。

表 2.7　　　　　　　　　　　　　　　　控制点成果表

导线点	x(m)	y(m)	备注

(6)填写只作边长投影改正后的导线控制点成果表 2.8。

表 2.8　　　　　　　　　　　　　　　　控制点成果表

导线点	x(m)	y(m)	备注

(7)填写经方向改化和边长投影改正的控制点成果表 2.9。

表 2.9　　　　　　　　　　　　　　　　控制点成果表

导线点	x(m)	y(m)	备注

任务 2.3　水准测量平差计算

一、训练目的

(1)熟悉平差易软件的使用方法;
(2)掌握水准测量平差的操作流程;
(3)掌握水准平差观测数据的输入方法。

二、训练要求

(1)用手算方法进行水准测量的平差计算;
(2)用平差易软件进行水准测量的平差计算。

三、训练内容

如图 2-14 为一条二等附合水准路线,A 和 B 是已知高程点,已知数据和观测数据如表 2.10 所示,计算 1、2、3 点的高程。

表 2.10　　　　　　　　　　　水准原始数据表

测站点	高差(m)	距离(m)	高程(m)
A			96.0620
	−50.4400	2387.3250	
1			
	3.2520	2047.3280	
2			
	−0.9080	2132.1970	
3			
	40.2180	1990.1870	
B			88.1830

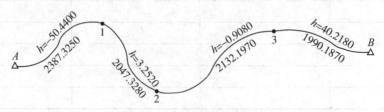

图 2-14　水准测量观测略图

四、训练指导

（一）在表 2.11 中完成水准测量的平差计算

（1）计算出所有路线长、实测高差的和；
（2）根据起点、终点高程以及实测高差计算高差闭合差；
（3）对高差闭合差进行改正，计算出改正后的高差；
（4）计算未知点高程。

表 2.11 水准测量计算表

点号	路线长 L（km）	实测高差 h_i(m)	高差改正数 v_{h_i}(m)	改正后高差 $\hat{h}_i$(m)	高程 H（m）	备注
Σ						
辅助计算						

（二）用平差易软件进行水准测量的平差计算

1. 控制网数据录入

在测站信息区中点名列输入 A、B、1、2、3，其中 A、B 为已知高程点，其属性为 01；1、2、3 点为未知高程点，其属性为 00，其他信息为空；根据控制网的类型选择数据输入格式，此控制网为水准网，选择水准格式；选定测站后，需要输入测站的观测信息，包括水准路线长和测段高差。因为没有平面坐标数据，故在平差易软件中没有网图显示，如图 2-15 所示。

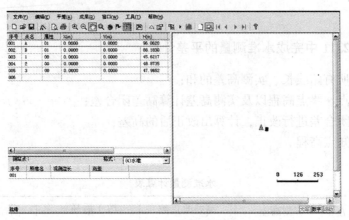

图 2-15　水准数据输入

2. 坐标推算

用鼠标点击菜单"平差 \ 推算坐标"进行坐标的推算。

3. 选择计算方案

高程平差选择"一般水准测量"，水准网等级选择"国家二等"。

4. 闭合差计算与检核

点击"平差 \ 闭合差计算"，显示闭合差信息，如图 2-16 所示。

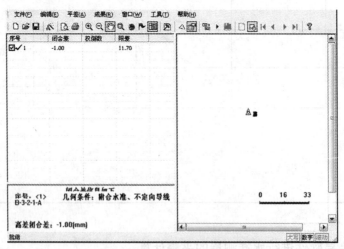

图 2-16　闭合差计算

5. 平差计算

用鼠标点击菜单"平差 \ 平差计算"即可进行控制网的平差计算。

6. 平差报告的生成和输出

用鼠标点击菜单"成果"下的菜单项，即可进行相应的工作。

五、注意事项

(1)正确选定每一测站点的属性;

(2)输入高差时注意正负号;

(3)正确选定高程平差的类型,是水准平差,而不是三角高程,"水准平差"所需要输入的观测数据为:观测边长(水准路线长)和高差,"三角高程"所需要输入的观测数据为:观测边长、垂直角、觇标高、仪器高;

(4)水准测量的观测数据中输入了测段高差就必须要输入相对应的观测边长,否则平差计算时该测段的权为零,导致计算结果错误;

(5)正确判断平差结果是否正确、精度是否符合要求。

六、训练总结

(1)列出用平差易软件进行水准测量平差的主要步骤。

(2)写出二等水准测量的限差要求。

(3)填写平差易水准点平差成果表 2.12。

表 2.12   **水准点平差成果表**

水准点	高程（m）	备注

任务 2.4 三角高程测量平差计算

一、训练目的

（1）掌握三角高程测量平差的操作步骤；
（2）理解三角高程测量平差和水准测量平差的区别和相同之处。

二、训练要求

（1）用手算方法进行三角高程测量的平差计算；
（2）用平差易软件进行三角高程测量的平差计算。

三、训练内容

根据表 2.13、表 2.14 中附合三角高程路线原始数据，计算 1、2、3 点的高程。

表 2.13   三角高程原始数据表（往测）

测站点	距离（m）	垂直角（° ′ ″）	仪器高（m）	觇标高（m）	高程（m）
A	375.108	4 30 06	1.480		128.745
1			1.425	1.800	
	162.554	−11 50 18			
2			1.428	2.600	
	427.928	0 28 07			
3			1.426	3.060	
B	767.194	0 49 35		2.960	134.140

表 2.14   三角高程原始数据表（返测）

测站点	距离（m）	垂直角（° ′ ″）	仪器高（m）	觇标高（m）	高程（m）
B			1.560		134.140
	767.194	−0 32 18			
3			1.400	3.960	
	427.928	−0 01 51			
2			1.450	3.080	
	162.554	12 14 06			
1			1.400	1.440	
	375.108	−4 18 12			
A				2.420	128.788

四、训练指导

(一)完成三角高程测量的平差计算

(1)根据表 2.13 计算往测高差，根据表 2.14 计算返测高差，进而计算平均高差；
(2)根据起点、终点高程以及实测高差计算高差闭合差；
(3)对高差闭合差进行改正，计算出改正后的高差；
(4)计算未知点高程。

表 2.15　　　　　　　　　　　三角高程路线平差计算表

点号	路线长 L(km)	往测高差(m) 返测高差(m)	平均高差 h_i(m)	高差改正数 v_h(m)	改正后高差 $\hat{h}_i$(m)	高程 H (m)	备注
Σ							
辅助计算							

(二)用平差易软件进行三角高程测量近似平差计算

1. 控制网数据录入

在测站信息区中点名列输入 A、B、1、2、3，其中 A、B 为已知高程点，其属性为 01，输入高程值和仪器高；1、2、3 点为未知高程点，其属性为 00，输入仪器高，其他信息为空；根据控制网的类型选择数据输入格式，此控制网为三角高程网，选择三角高程格式；选定测站后，需要输入测站的往返测观测信息，包括观测边长、往返测垂直角、觇标高。因为没有平面坐标数据，故在平差易软件中没有网图显示，如图 2-17 所示。

2. 坐标推算

用鼠标点击菜单"平差 \ 推算坐标"进行坐标的推算。

3. 选择计算方案

高程平差选择"三角高程测量""对向观测",如图 2-17 所示。

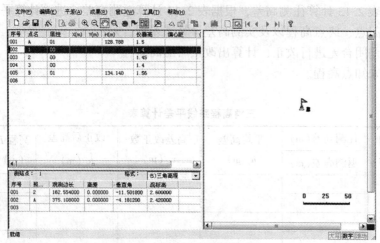

图 2-17　三角高程测量数据输入

4. 闭合差计算与检核

点击"平差 \ 闭合差计算",显示闭合差信息,如图 2-18 所示。

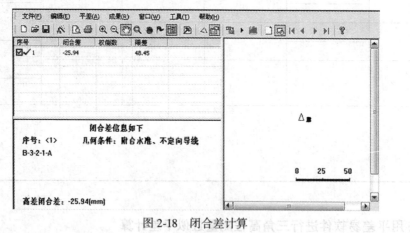

图 2-18　闭合差计算

5. 平差计算

用鼠标点击菜单"平差 \ 平差计算"即可进行控制网的平差计算。

6. 平差报告的生成和输出

用鼠标点击菜单"成果"下的菜单项,即可进行相应的工作。

五、注意事项

（1）每一测站点的属性输入同水准测量平差完全一样；
（2）注意高程平差模式的选项，要选择为"三角高程"；
（3）每一测站的观测数据输入包括距离、竖直角和棱镜高；
（4）每一测站的观测数据要输入完整，注意往返测，测站点仪器高不同的解决方法；
（5）注意三角高程平差时，对向观测数据的输入方法；
（6）注意输入的距离必须是平距，如果是斜距，需要化算成水平距离；
（7）注意竖直角输入的正负号。

六、训练总结

（1）写出用平差易软件进行三角高程测量平差的主要步骤。

（2）写出三角高程测量平差需要输入的观测数据。

（3）写出等外电磁波三角高程测量的限差要求。

（4）填写三角高程路线平差成果表2.16。

表2.16　　　　　　　　　　　　　　三角高程路线平差成果表

点名	高程（m）	备注

任务 2.5　测量坐标系的转换

一、训练目的

(1)明确测量常用坐标系统的定义、建立方法、基本概念、采用椭球及参数等;

(2)明确各坐标系统间的内在转换关系;

(3)掌握相同基准下的坐标系转换方法及应用公式;

(4)掌握不同基准下的坐标系转换方法、应用公式及转换参数的意义和求解;

(5)掌握国家平面坐标系与工程坐标系的转换方法。

二、训练要求

(1)所用软件 Coord MG(或 Coord 4.0)为互联网免费软件;

(2)掌握软件的使用方法。

三、训练内容

(1)3°分带内某点 P 的 1954 年北京坐标系坐标为(4 333 744.555,41 412 333.500)。

① 计算 P 点大地坐标;

② 将 P 点转换为 6°分带第 22 带;

③ 将 P 点转换为 3°分带第 40 带;

④ 将 P 点转换至某工程坐标系,该工程坐标系采用克拉索夫椭球,坐标系中央子午线经度为 122°10′40″。

(2)某 GPS 点在 WGS-84 坐标系内坐标为 P(122°45′50″,42°35′18″),将该点转换至 1980 年西安大地坐标系。(已知平移参数:dx = 131.22m,dy = −205.33m,dz = 126.63m;旋转参数 x:0°02′05″,旋转参数 y:0°03′55″,旋转参数 z:0°01′11″,尺度参数:1.0013)。

（3）某点大地经度为 $L = 121°20'10''$，该点分别位于 6°分带和 3°分带的多少带内，中央子午线经度是多少？所在投影带带号是多少？

（4）某两个 GPS 点在 WGS-84 坐标系内坐标为 $P(122°40'42'', 41°35'18'', 0)$，$M(122°44'23'', 41°38'42'', 0)$。

① 将此两点转换成空间直角坐标系坐标，并计算空间直角坐标系下两点的直线距离。

② 坐标系中央子午线经度为 123°30'，计算此两点的高斯平面坐标。

（5）如表 2.17 所示，已知 WGS-84 大地坐标，需要将其转换成北京 1954 高斯平面直角坐标，转换参数如表 2.18 所示（已知 WGS-84 空间直角坐标转换成北京 1954 空间直角坐标的七个参数和北京 1954 大地坐标转换成高斯平面直角坐标的投影参数）。

表 2.17　　　　　　　　　　　**已知 WGS-84 大地坐标**

点号	B（纬度）	L（经度）	H（大地高，单位：m）
a	40°17'42. 120''	124°6'5. 137''	116. 126
b	40°21'36. 811''	124°0'38. 662''	133. 989
c	40°20'13. 965''	124°2'38. 912''	167. 092
d	40°24'13. 211''	123°58'43. 056''	129. 502

表 2.18　　　　　　　　　　**七参坐标转换参数和高斯投影参数**

平移	x 92. 253m　　　　y 225. 700m　　　z 85. 978m
旋转	x −1. 2203''　　　　y 2. 3571''　　　z −3. 3165''
比例	−10. 875 ppm
投影基准	北京 54 椭球
投影参数	中央子午线 123°　　　　原点纬度　　0° 原点假东　500000m　　　原点假北　0m 尺度　　　　1

四、训练指导

(一)同一基准(椭球)空间直角坐标与大地坐标的相互换算

大地坐标表示为(L, B, H)与空间直角坐标表示为(X, Y, Z)的换算，如图 2-19、图 2-20 所示。

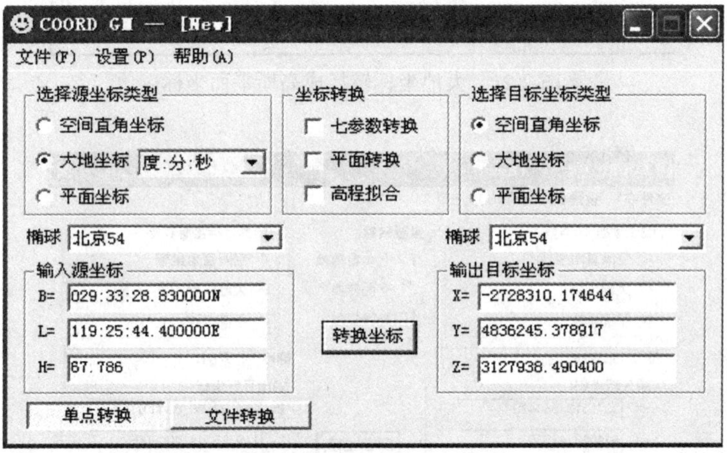

图 2-19　大地坐标转换成空间直角坐标

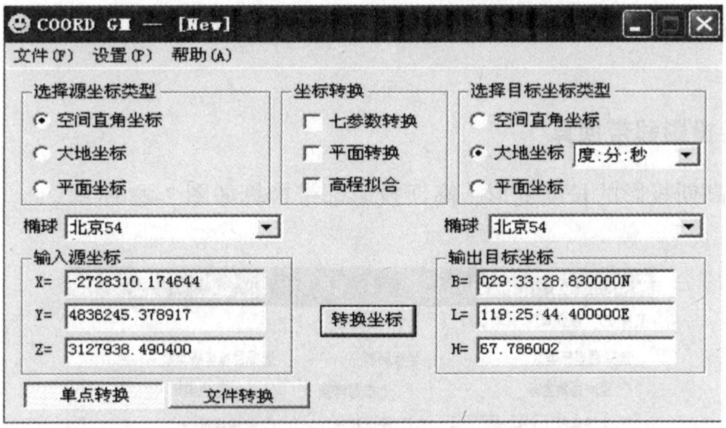

图 2-20　空间直角坐标转换成大地坐标

(二)同一基准(椭球)高斯平面直角坐标与大地坐标的相互换算

大地坐标(B, L)与高斯坐标(x, y)的换算，即高斯正反算，如图 2-21、图 2-22 所示。

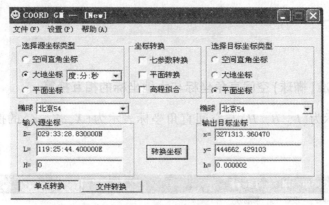

图 2-21 大地坐标转换成高斯平面坐标

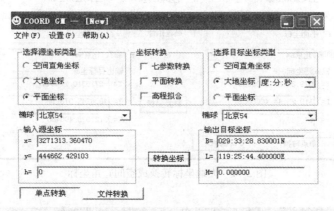

图 2-22 高斯平面坐标转换成大地坐标

(三) 高斯投影邻带换算

为了限制高斯投影的长度变形，高斯投影邻带换算如图 2-23 所示。

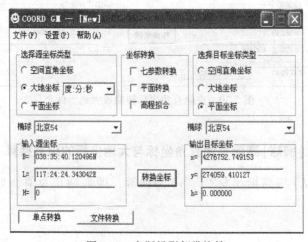

图 2-23 高斯投影邻带换算

(四)不同基准(椭球)空间直角系间的坐标换算

基于不同基准(椭球)之间坐标系的转换,是在空间直角坐标系框架内实现的,例如,WGS-84 空间直角坐标转换成北京 1954 年空间直角坐标和北京 1954 年空间直角坐标转换成平面坐标,分别如图 2-24、图 2-25 所示。

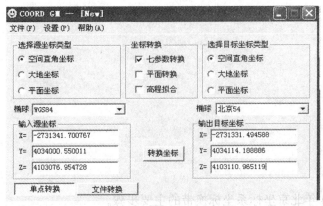

图 2-24 WGS-84 空间直角坐标转换成北京 1954 年空间直角坐标

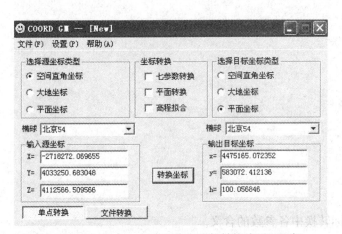

图 2-25 北京 1954 年空间直角坐标转换成平面坐标

五、注意事项

(1)通过此训练课,明确测量常用坐标系统的定义及相关概念,会用相关软件解决坐标转换问题;

(2)明确坐标系统的类型及其表达形式;

(3)特别注意:参考椭球、中央子午线、带号、加常数、7 参数(3 参数)、4 参数等概念;

(4)高斯投影的边长变形的规律。

六、训练总结

（1）写出 1954 年北京坐标系坐标转化成大地坐标的主要步骤。

（2）写出 1954 年北京坐标系坐标换带的主要步骤。

（3）写出坐标转换中各参数的含义。

任务 2.6　控制测量技术总结编写

测绘技术总结是在测绘任务完成后，对技术设计书和技术标准执行情况、技术方案、作业方法、新技术的应用、成果质量和主要问题的处理等进行分析研究、认真总结，并作出客观的评价与说明，以便于用户(或下工序)的合理使用，有利于生产技术和理论水平的提高，为制定、修订技术标准和有关规定积累资料。测绘技术总结是与测绘成果有直接关系的技术性文件，是永久保存的重要技术档案。

技术总结分项目技术总结与专业技术总结。项目技术总结系指一个测绘项目在其成果验收合格后，对整个项目所作的技术总结，由承担任务的生产管理部门负责编写。专业技术总结是指项目中各主要测绘专业所完成的测绘成果，在最终检查合格后，分别撰写的技术总结，由生产单位负责编写。工作量小的项目可将项目技术总结和专业技术总结合并，由承担任务的生产管理部门负责编写。

技术总结经单位主要技术负责人审核签字后，随测绘成果、技术设计书和验收(检查)报告一并上缴和归档。

一、训练目的

(1)明确编写技术总结的意义和重要性；

(2)区分"技术设计"与"技术总结"的编写要领，掌握编写技术总结的方法。

二、训练要求

学生按照教师提供的工程案例，依据下述文件编写技术总结报告。

(1)上级下达任务的文件或合同书；

(2)技术设计书、有关法规和技术标准；

(3)有关专业的技术总结；

(4)测绘产品的检查、验收报告；

(5)其他有关文件和材料。

三、训练内容

1. 概述部分

(1)任务的名称、来源、目的，作业区概况，任务内容和工作量；

(2)生产单位名称、生产起止时间，任务安排，组织概况和完成情况；

(3)采用的基准、系统、投影方法和起算数据的来源与质量情况；

(4)利用已有资料的情况。

2. 技术部分

（1）作业技术依据：包括使用标准、法规和有关技术文件等（下同）；

（2）仪器、主要设备与工具的使用及其检验情况；

（3）作业方法，执行技术设计书和技术标准的情况，特殊问题的处理，推广应用新技术、新方法、新材料的经验教训；

（4）对新产品项目要按工序总结生产中执行技术设计书和技术标准的情况，特别对于发生的主要技术问题，采取的措施及其效果等，要详细地总结，并对今后的生产提出改进意见；

（5）保证和提高质量的主要措施，成果质量和精度的统计、分析和评价，存在的重大问题及处理意见；

（6）对设计方案、作业方法和技术指标等的改进意见和建议；

（7）作业定额、实际作业工天和作业率的统计。

3. 附图、附表

（1）作业区任务概况图；

（2）利用已有资料清单；

（3）成果质量统计表；

（4）上交测绘成果清单；

（5）其他。

四、训练指导

1. 平面控制测量

1）概述

（1）任务来源、目的，生产单位，生产起止时间，生产安排概况；

（2）测区名称、范围、行政隶属，自然地理特征，交通情况和困难类别；

（3）锁、网、导线段（节）、基线（网）或起始边和天文点的名称与等级，分布密度，通视情况，边长（最大、最小、平均）和角度（最大、最小）等；

（4）作业技术依据；

（5）计划与实际完成工作量的比较，作业率的统计。

2）利用已有资料情况

（1）采用的基准和系统；

（2）起算数据及其等级；

（3）已知点的利用和联测；

（4）资料中存在的主要问题和处理方法。

3）作业方法、质量和有关技术数据

（1）使用的仪器、仪表、设备和工具的名称、型号、检校情况及其主要技术数据，天文人仪差测定情况；

（2）觇标与标石的情况，施测方法，照准目标类型，观测权数与测回数，光段数，日夜比，重测数与重测率，记录方法，记录程序来源和审查意见，归心元素的测定方法，次数和质量，概算情况与结果等；

(3)新技术、新方法的采用及其效果；

(4)执行技术标准的情况，出现的主要问题和处理方法。保证和提高质量的主要措施，各项限差与实际测量结果的比较，外业检测情况及精度分析等；

(5)重合点及联测情况，新、旧成果的分析比较；

(6)为测定国家级水平控制点高程而进行的水准联测与三角高程的施测情况，概算方法和结果。

4)技术结论

(1)对本测区成果质量、设计方案和作业方法等的评价；

(2)重大遗留问题的处理意见。

5)经验、教训和建议

6)附图、附表

(1)利用已有资料清单；

(2)测区点、线、锁、网的分布图；

(3)精度统计表；

(4)仪器、基线尺检验结果汇总表；

(5)上交测绘成果清单等。

2. 高程控制测量

1)概述

(1)任务来源、目的，生产单位，生产起止时间，生产安排概况；

(2)测区名称、范围、行政隶属，自然地理特征，沿线路面和土质植被情况，路坡度（最大、最小、平均），交通情况和困难类别；

(3)路线和网的名称、等级、长度，点位分布密度，标石类型等；

(4)作业技术依据；

(5)计划与实际完成工作量的比较，作业率的统计。

2)利用已有资料情况

(1)采用基准和系统；

(2)起算数据及其等级；

(3)已知点的利用和联测；

(4)资料中存在的主要问题和处理方法。

3)作业方法、质量和有关技术数据

(1)使用的仪器、标尺、记录计算工具和尺承等的型号、规格、数盘、检校情况及主要技术数据；

(2)埋石情况，施测方法，视线长度（最大、最小和平均）及其距地面和障碍物的距离，各分段中上、下午测站不对称数与总站数的比，重测测段和数量，记录和计算法，程序来源、审查或验算结果；

(3)新技术、新方法的采用及其效果；

(4)跨河水准测量的位置，施测方案，施测结果与精度等；

(5)联测和支线的施测情况；

(6)执行技术标准的情况，保证和提高质量的主要措施，各项限差与实际测量结果的比较，外业检测情况及精度分析等。

4)技术结论

(1)对本测区成果质量、设计方案和作业方法等的评价；

(2)重大遗留问题的处理意见。

5)经验、教训和建议

6)附图、附表

(1)利用已有资料清单；

(2)测区点、线、网的水准路线图；

(3)仪器、标尺检验结果汇总表；

(4)精度统计表；

(5)上交测绘成果清单等。

五、注意事项

(1)内容要真实、完整、齐全。对技术方案、作业方法和成果质量应作出客观的分析和评价。对应用的新技术、新方法、新材料和生产的新品种要认真细致地加以总结。

(2)文字要简明扼要，公式、数据和图表应准确，名词、术语、符号、代号和计量单位等均应与有关法规和标准一致。

(3)项目名称应与相应的技术设计书及验收(检查)报告一致。幅面大小和封面格式参照附录执行。

六、训练成果

每人提交一份《控制测量技术总结报告》电子版。

项目3 综合实训

项 目 描 述

理论教学、单项实训、技能训练、综合实训是"控制测量"课程四个重要的教学环节。通过综合实训，培养学生综合运用基础理论、基本操作技能进行平面控制测量和高程控制测量的能力，提高其专业能力，为从事测绘工作奠定基础。

一、实训目的

(1)通过实训，对学生进行控制测量野外作业的基本技能训练，使学生掌握布设等级控制网的全过程，包括编写技术设计(课程设计)、选点埋石、外业观测、数据检核与平差计算、编写技术总结(实习报告)等，进一步巩固、深化理论知识，将理论知识和实际联系起来，将所学知识变成技巧、变成能力。

(2)通过实训，还可以加强学生的仪器操作技能，提高学生的动手能力，训练严谨的科学态度，培养学生运用知识发现问题、分析问题、解决问题的能力，为从事相关工作奠定坚实的基础。

(3)通过完成控制测量实际任务的训练，提高学生独立从事测绘工作的计划、组织与管理能力，培养学生良好的专业品质和职业道德，提高综合从业素养。

(4)通过实训学会解读与使用测量规范。

(5)培养学生具有热爱专业，关心集体，爱护仪器、工具，认真执行测量规范的良好职业道德；团结协作、艰苦奋斗的精神；认真负责、一丝不苟的工作态度；精益求精的工作作风；严谨的科学态度；遵守纪律，保护群众利益的社会公德。

二、实训组织

实训的组织工作由指导教师负责，每班配备两名具有丰富教学经验并且敬业的指导教师。每个班为1个实训大组，选大组长1人，每个大组按人数分为若干个小组，每组由5~6人组成，选小组长1人。实训由指导教师统一指挥，各大组长、小组长及班干部应积极配合指导教师做好本大组、小组的各项工作。为合理利用时间，将采用平行作业的实训方式。

大组长职责：担当指导教师与学生沟通的桥梁，协助指导教师对实训过程进行有效的管理，使之顺利完成实训任务；小组长职责：组织本小组成员认真学习领会实训项目与方法，贯彻执行指导教师各项要求，带领并组织全组成员顺利完成各项实训、仪器的借用与保管、数据的采集与整理等各项具体工作，并保持与指导教师的顺畅沟通。组员在组长的统一安排下，分工协作，并轮流承担各项实训任务，顺利完成各项实训任务。

三、实训任务

（1）采用 GNSS 控制测量的方法进行首级平面控制测量，并应用相关软件解算出平面控制测量成果。

（2）采用二等水准测量的方法进行首级高程控制测量，应用平差易软件解算高程控制测量成果。为了实现精度上的检验，分别采用光学精密水准仪和电子精密水准仪完成二等水准测量；为了全面掌握水准测量方法，在同样的路线上再利用 S3 水准仪进行三等水准测量，并进行精度比较。

（3）采用城市一级高程导线测量的方法，使用全站仪对整个测区进行加密控制测量，利用首级控制测量提供的已知平面坐标和高程，应用平差易软件解算出高程导线的三维坐标。

四、实训日程

表 3.1　　　　　　　　　　　　实训日程安排表

项目名称	时间（天）	备　　注
准备工作	1	包括实训动员、仪器的准备、资料的准备，以及实训任务的布置、实训内容的讲解等
踏勘选点	1	包括 GNSS 控制点、水准点和导线点
GNSS 控制测量	2	包括外业观测、手簿填写、绘制点之记、内业计算与成果整理
二等水准测量（光学水准仪）	3	包括外业观测、内业计算与成果整理
二等水准测量（电子水准仪）	2	包括外业观测、内业计算与成果整理
三等水准测量	2	包括外业观测、内业计算与成果整理
一级导线测量	3	包括外业观测、内业计算与成果整理
成绩考核	0.5	操作考试和理论考试相结合
实训报告（技术总结）整理与打印	0.5	对平时撰写的报告和各项平差报告进行整理
合计	15	

五、注意事项

（1）实训中，确保实训设备的安全，在老师的指导下按照仪器操作规范正确使用。各组要指定专人妥善保管仪器、工具。每天出工和收工都要按仪器清单清点仪器和工具数量，检查仪器和工具是否完好无损。发现问题要及时向指导教师报告。

（2）实训期间，小组长要认真负责，合理安排小组工作，应使每一项工作都由小组成员轮流完成，使每人都有操作的机会，不可单独追求实训进度。

（3）实训中，应加强团结。小组内、各组之间、各班之间都应团结协作，以保证实训任务的顺利完成。

（4）观测员将仪器安置在脚架上时，一定要拧紧连接螺旋和脚架制紧螺旋，并由记录员复查。在安置仪器时，特别是在对中、整平后以及迁站前，一定要检查仪器与脚架的中心螺旋是否拧紧。观测员必须始终守护在仪器旁，注意过往行人、车辆，防止仪器翻倒。若发生仪器事故，要及时向指导教师报告，严禁私自拆卸仪器。

（5）观测数据必须直接记录在规定的手簿中，不得用其他纸张记录再行转抄。严禁擦拭、涂改数据，严禁伪造成果。在完成一项测量工作后，要及时计算、整理有关资料并妥善保管好记录手簿和计算成果。

（6）严格遵守实训纪律。在测站上不得嬉戏打闹，工作中不看与实训无关的书籍和报纸。未经实训队允许，不得缺勤。

（7）听从指导教师指挥，遵照指导书要求，遵守测量规范，保质保量完成所有实训任务。

六、成绩评定

实训成绩根据小组成绩和个人成绩综合评定。按优（90分以上）、良（80~90分）、中（70~80分）、及格（60~70分）、不及格（60分以下）五级评定成绩。

1. 小组成绩的评定标准（30分）

（1）操作技能和实训进度，主要包括：使用仪器的熟练程度、作业程序和外业观测是否符合规范要求，是否按时完成任务等。（10分）

（2）手簿记录计算和成果质量，主要包括：手簿是否完好无损，书写是否工整清晰，手簿有无擦拭、涂改；数据计算是否正确，各项限差、较差、闭合差是否在规定范围内；成果是否符合限差要求等。（10分）

（3）遵守纪律，爱护仪器，组内人员具有团队精神，组内外团结协作；组内能展开讨论，及时发现问题解决问题，并总结经验教训。（10分）

2. 个人成绩的评定标准（70分）

（1）实训期间的表现，主要包括：出勤情况、实训表现、遵守纪律情况、爱护仪器工具情况等。（20分）

（2）个人实际操作考核，包括GNSS接收机操作、精密水准仪操作、全站仪操作。（30分）

（3）实训报告，主要包括：实训报告的编写格式和内容是否符合要求，实训报告是否整洁清晰、项目齐全、成果正确，编写是否有水平，分析问题、解决问题的能力及有无独特见解等。（20分）

以上考核内容共6项，满分100分，作为控制测量综合实训最终成绩。

实训中发生吵架事件、损坏仪器、工具及其他公物、未交实训报告、伪造数据、丢失成果资料、未参加操作考核或在考核过程中作弊等，均作不及格处理。

七、上交资料

1. 每个测量小组应上交的资料
(1)GNSS 测量外业观测手簿、点之记;
(2)水准测量观测手簿;
(3)全站仪导线观测手簿。
2. 每人应提交的资料
(1)GNSS 控制点布设略图、点之记，外业观测手簿;
(2)GNSS 控制测量平差报告、成果表，平差报告;
(3)精密水准测量计算表;
(4)导线网观测略图，导线测量平差报告、成果表;
(5)技术总结报告(实训报告)。
报告内应含上述(1)～(5)项内容。

八、实训报告的编写

实训结束后，每人编写一份实训报告电子版，要求内容全面、概念正确、语句通顺、文字简练，插图和数表清晰美观，并按统一格式以 A4 纸打印。个人的计算资料应以插图、插表或附页的形式与实训报告装订在一起。小组实训的最终成果、平差报告等，小组组长打印一份即可。

(一)实训报告编写提纲

封面:包括实训名称、班级、姓名、学号、指导教师等。
目录:写清楚本实训报告的主要内容及对应页码。
1. 实训基本情况
实训名称、地点、目的、时间、作业区范围、实训任务及组织等。
2. 测区概况
测区地理位置、交通、居民、气候、地形地貌、交通、经济等概况，测区内已有测绘成果及资料等情况。
3. 作业依据(规范、规程、平面及高程基准)
4. 首级控制网的布设与施测
(1)GNSS 网的布设方案、施测方案和选点略图。
(2)选点埋石情况，点之记。
(3)GNSS 控制测量外业实施、外业观测手簿。
(4)已知 GNSS 控制点利用情况。
5. 首级高程控制网的布设与施测

(1)水准网的布设方案和略图。

(2)选线、埋石方法及情况。

(3)施测技术依据和方法。

(4)观测成果计算及质量分析。

6. 加密控制网的布设与施测

(1)导线的布设方案和略图。

(2)点位情况说明。

(3)施测技术依据和方法。

(4)观测成果计算和质量分析。

7. 实训的最终成果

(1)首级控制点坐标成果表。

(2)首级控制点高程成果表。

(3)测区加密点坐标及高程表。

8. 实训中发生的问题和处理方法

9. 实训收获、体会和建议

附录(点之记、平差报告等)

(二)实训报告目录排版要求

<目录>

目　　录

*注:(本注释不是目录的部分,只是本式样的说明解释)

1. 目录中的内容一般列出第一级标题即可;

2. 目录标题"目　录"两个字为小三号黑体居中,两个字之间空 2 个汉字的空格,缩放、间距、位置标准,无首行缩进,无左右缩进,段前、段后各 0.5 行间距,行间距为 1.25 倍多倍行距;

3. 目录正文在标题下空一行,为小四号,中文用宋体,英文用 Times New Roman 体,缩放、间距、位置标准,无左右缩进,无首行缩进,无悬挂式缩进,段前、段后间距无,行间距为 1.25 倍多倍行距;

4. 实训报告中如有较多表格,可在目录后附表清单;

5. 页末请用插入分节符分节以便于设置不同的页眉、页脚。

(三)实训报告正文排版要求

<正文>

一、实训基本情况(一级标题)

××××××××××××正文×××××××××××××××××× ………

1.××××××(二级标题)

××××××××××××正文××××××××××××××× …………

(1)××××(三级标题)

××××××××××××正文×××××××××××××× ………

①××××(四级标题)

××××××××××××正文×××××××××××××× ………………

*注:(本页为正文式样,本注释不是正文的部分,只是本式样的说明解释)

1. 标题编号方法应采用分级编号方法,标题应顶格。

第一级:"一、""二、""三、"……

第二级:"1.""2.""3."……

第三级:"(1)""(2)""(3)"……

第四级:"①""②""③"……

第五级:"a.""b.""c."……

2. 一级标题为小三号黑体;二级标题为四号黑体;三级以下标题为小四号黑体,缩放、间距、位置标准,无首行缩进,无左右缩进,行间距1.25倍多倍行距,段前、段后无间距;

3. 正文在标题下另起段不空行,为小四号,中文用宋体,英文用Times New Roman体,缩放、间距、位置标准,无左右缩进,首行缩进2字符(两个汉字),无悬挂式缩进,段前、段后间距无,行间距为1.25倍多倍行距;

4. 正文中表格与插图的字体一律用五号楷体;

5. 页眉用五号,中文用楷体,英文用Times New Roman体,内容为"控制测量实训报告";

6. 插入页码,居中显示。

任务 3.1 首级平面控制测量——GNSS 控制测量

一、实训目的

(1)进行测区的首级控制测量,为加密控制测量(高程导线)提供起算数据;

(2)熟悉 GNSS 接收机的使用,掌握 GNSS 控制测量方法。

二、实训器具

每小组借用 GNSS 接收机(含电池、基座、脚架)4 台套,领取 GNSS 点之记、作业调度表、外业观测手簿,自备铅笔、小刀、直尺等文具用品。

三、实训要求

(1)选点和技术设计等工作,在指导教师的统一带领下完成。

(2)外业观测前,两个实习小组合并成 1 个大组,再将 1 个实习大组分成 4 个作业小组,每个作业小组负责 1 个点位的全部工作,包括外业观测、点之记制作、外业观测手簿的填写等。

(3)每个作业组一定在熟悉了作业流程的基础上再到点位上作业,各个作业组要保持良好的通信沟通,保证同步观测,满足观测时间上的要求。

(4)数据的传输与数据处理等,需在老师的指导下完成。

(5)技术要求如表 3.2 所示。

表 3.2   GNSS 测量的基本技术要求

项 目	级 别			
	B	C	D	E
卫星截止高度角	10	15	15	15
同时观测有效卫星数	≥4	≥4	≥4	≥4
有效观测卫星总数	≥20	≥6	≥4	≥4
观测时段数	≥3	≥2	≥1.6	≥1.6
时段长度	≥23h	≥4h	≥60min	≥40min
采样间隔(s)	30	10~30	5~15	5~15

四、实训指导

(一)布网方案

采用 4 台 GNSS 接收机,按边连式布设 GNSS 控制网,等级为 D 级。GNSS 测量获得的是 GNSS 基线向量，它属于 WGS-84 坐标系的三维坐标差，而实际我们需要的是国家坐标系坐标，所以在 GNSS 网的技术设计时，必须联测一定数量的国家坐标系控制点，用以坐标转换。

（二）GNSS 网形设计与图上选点

GNSS 网形设计之前，必须收集测区的有关资料，例如已有的小比例尺地形图（1：10000）、城乡行政区划图、各类控制点成果。根据对已收集到的 1：10000 地形图的充分研究，结合实习的具体要求，并考虑为加密控制测量提供已知数据，而且在充分了解和研究测区情况，特别是交通、通信、供电、气象及原有控制点等情况的条件下，确定本实习控制点数目为 8 个，其中已知控制点 3 个，未知控制点 5 个。先在图上概略选取点位，按照密度要求进行控制点的选择，组成边连式的 GNSS 网形。利用 4 台 GNSS 接收机进行同步环路测量，GNSS 点的编号顺序就是环形路线的推进顺序。

（三）踏勘选点

根据图上概略设计的点位，在指导教师的带领下到现场踏勘并落实点位。点位确定后，埋设预制的混凝土桩，其上金属标志的中心为 GNSS 的测量点位，点号按设计中的点号编制，点名按村名或附近的建筑物名命名，最后按要求绘制 GNSS 点之记，如表 3.3 所示。

表 3.3   **GNSS 点之记**

点及名称	GNSS 点	名		土质		
		号				
	相邻点（名、号、通视情况）			标石说明		
				旧点名		
	所在地					
	交通路线					
	所在图幅			概略位置	X	Y
					L	B
	（略图）					
	备注					

选点时应注意以下几点要求：

(1)点位选在易于安置仪器和便于操作的地方，视野开阔，净空条件好。

(2)点位远离大功率无线电发射源，距离大于 200m；远离高压输电线，距离大于 50m。

(3)点位附近没有强烈干扰接收卫星信号的物体，并避开大面积水域。

(4)点位选在交通便利的地方，有利于用其他测量手段联测或扩展。

(5)地面基础稳定，便于点位保存。

(6)充分利用符合要求的旧有控制点。

(四)外业准备

人员的准备：对参与实习的人员进行分组，明确岗位；

交通工具的准备：选择交通路线及交通工具；

通信工具的准备：师生互加微信，保证教师与学生、与车辆的联系；

仪器的准备：准备 4 台套 GNSS 接收机，并对接收机进行检视，检视包括一般性检视、通电检验和实测检验。

(五)外业观测作业

1. 仪器的安置

仪器架设在三脚架上，高度距地面 1m 以上。进行严格的对中整平，在两个不同的方向上量取天线高，较差不超过 3mm，取两次量测的平均值。测后再量取一次天线高。

2. 测站观测

接收机开机，进行采集间隔、高度截止角的设置，特别注意：同时工作的接收机高度截止角、采集间隔最好保证一致，即同样的设置值，因此，实习中统一将采样间隔设为 10s，将高度截止角设为 15°。满足采集条件后(一般采集条件要求卫星数量 ≥ 4 颗，PDOP<6)，输入测站点名、时段、天线高，各作业组同步开始数据采集，待达到要求的同步观测时间后，各作业组结束采集，按照调度表的安排进行下一个测站的观测。

3. 观测记录

按表 3.4 完成外业观测记录。

表 3.4 　　　　　　　　　　　　　　　　**外业观测手簿**

观测者＿＿＿＿＿＿＿＿＿＿＿＿	日期＿＿＿＿＿年＿＿＿月＿＿＿日
测站名＿＿＿＿＿＿＿＿＿＿＿＿	测站号＿＿＿＿＿＿＿＿＿＿＿＿
天气状况＿＿＿＿＿＿＿＿＿＿＿	时段数＿＿＿＿＿＿＿＿＿＿＿＿
测站近似坐标 经度：＿＿＿＿°＿＿＿＿＿′ 纬度：＿＿＿＿°＿＿＿＿＿′ 高程：＿＿＿＿＿＿＿＿＿m	本测站为 ＿＿＿＿＿新点 ＿＿＿＿＿等大地点 ＿＿＿＿＿等水准点

记录时间（北京时间）		
开始时间＿＿＿＿＿＿＿＿＿＿	结束时间＿＿＿＿＿＿＿＿＿＿＿	
接收机号＿＿＿＿＿＿＿＿		
天线高：（m）	测后校核值＿＿＿＿＿＿＿＿＿	
1＿＿＿＿＿＿ 2＿＿＿＿＿＿	平均值＿＿＿＿＿＿＿＿＿	
天线高量取方式略图：	备注：	

（六）GNSS 网数据处理

1. 数据传输

每天结束外业工作后，立即进行数据传输。所用软件为南方 GNSS 基线处理软件。

2. 准备工作

（1）新建项目，输入项目名称、施工单位负责人、坐标系统、控制网等级等；

（2）导入观测数据文件。

（3）检查文件，检查文件名、观测时间、开始与结束时间、仪器型号、天线高、天线高的量取方式等是否正确。

3. 基线解算

1）基线处理设置

删除多余基线，设置高度截止角、数据采样间隔、最小历元、观测值/最佳值、自动化处理模式、星历、卫星系统，设置处理模式、观测时间、大气模型（对流层改正模型、电离层改正模型）、气象模型、质量控制、截止值、模糊度搜索等。

2）基线解算

点击屏幕左端项目栏基线处理，软件自动进行基线处理。

3）基线处理及闭合环处理

（1）查看基线处理报告。基线查看主要查看不合格基线卫星图、残差等。对于残差较大的可以从基线-残差中剔除；不合格基线经过重新设置高度截止角及历元间隔，剔除残差较大的卫星，重新解算也可以达到合格状态。

（2）基线处理完成后，进一步检查 GNSS 网中各项测量的质量或错误，基线处理完成后软件自动进行环闭合差计算，给出环闭合差是否合格。软件中对质量判定只有"合格"与"不合格"。如果某个闭合环质量不合格，要对闭合环中的基线进行重新设置高度截止角、历元间隔及卫星残差等处理。

经处理依然不合格的基线和闭合环不参与下一步解算。

4）GNSS 网平差

在菜单选项中，第一步："平差处理"→"自动处理"。自动选择基线进行平差，剔除不参与平差的基线，在自动生成的平差报告里给出选择基线的列表和情况。

第二步："平差处理"→"三维平差"，三维无约束平差，得到在 WGS-84 坐标系下所有测站的坐标，在平差报告里给出 WGS-84 坐标系下的坐标值及三维自由网平差单位权中误差。

第三步："平差处理"→"二维平差"。二维约束平差，需要至少 2 个控制点的坐标，报告中显示目前的坐标系统、椭球参数、平差后的平面坐标和精度。

第四步："平差处理"→"高程拟合"，平差报告里给出所有点的高程和精度。

五、注意事项

(1)各作业组必须严格遵守调度命令，按规定时间同步观测同一组卫星。当没按计划到达点位时，应及时通知其他各组，并经观测计划编制者同意对时段做必要调整，观测组不得擅自更改观测计划。

(2)一个时段观测过程中严禁进行以下操作：关闭接收机重新启动；进行自检(发现故障除外)；改变接收机预设参数；改变天线位置；按关闭和删除文件功能。

(3)观测期间作业员不得擅自离开测站，并应防止仪器受震动和被移动，要防止人员或其他物体靠近、碰动天线或阻挡信号。

(4)在作业过程中，不应在天线附近使用无线电通信。当必须使用时，无线电通信工具应距离天线 10m 以上；雷雨天应关机停止观测。

六、提交成果

(1)每个实习小组应提交下列成果：
①GNSS 控制点点之记；
②外业观测手簿；
③GNSS 数据处理平差报告；
④控制点成果表。
(2)每人应提交下列成果：
实习报告(技术总结、个人总结)。

任务 3.2　首级高程控制测量——二、三等水准测量

一、实训目的

(1)采用二等水准测量测算出测区内所有水准点的高程，为 GNSS 控制测量以及高程导线提供起算数据；

(2)熟悉各种水准仪的使用，全面系统地掌握二等水准测量、三等水准测量。

二、实训器具

二等水准测量(光学)：每小组借用 S1 型精密光学水准仪(带脚架)1 台、因钢合金精密水准尺 2 把、尺垫 2 个、扶杆 4 根、50~100m 测绳(或皮尺)1 根、记录板 1 块、二等精密水准测量观测记录手簿 1 本，自备铅笔、小刀、直尺等文具用品。

二等水准测量(电子)：每小组借用日本索佳 SDL30M 型精密电子水准仪(带脚架)1 台、条码水准尺 1 对、尺垫 2 个、扶杆 4 根、50~100m 测绳(或皮尺)1 根、记录板 1 块、二等精密水准测量观测记录手簿 1 本，自备铅笔、小刀、直尺等文具用品。

三等水准测量：每小组借用 S3 型光学水准仪(带脚架)1 台、木质普通水准尺 1 对、尺垫 2 个、三四等精密水准测量观测记录手簿 1 本，自备铅笔、小刀、直尺等文具用品。

三、实训要求

(1)各小组作业前对水准仪进行一次合格的 i 角误差检验，并先行进行精密水准测量的读数练习和立尺练习。

(2)为了实现精度上的检验，分别采用光学精密水准仪(苏光 DSZ05)和电子精密水准仪(日本索佳 SDL30M)，完成规定路线的二等水准测量。

(3)为了全面掌握水准测量方法，在同样的路线上再利用 S3 水准仪进行三等水准测量，并进行精度比较。

(4)每小组测量时，组内成员轮流作业，每人至少完成一个完整测段的单程二等和三等水准测量的观测和记录，并取得合格的观测成果和记录成果。

(5)二、三、四等水准测量观测限差与水准路线主要技术指标分别如表 3.5、表 3.6所示。

表 3.5　　　　　　　　　　　　　二、三、四等水准测量观测限差

等级	最大视线长度（m）	前后视距差（m）	任一测站前后视距累积差（m）	上下丝读数平均值与中丝读数之差（mm）	基辅分划读数差（mm）	一测站观测两次高差之差（mm）	检测间歇点高差之差（mm）
二	50	1.0	3.0	3.0	0.4	0.6	1
三	75	2.0	5.0		2	3	3
四	100	3.0	10.0		3	5	5

表 3.6　　　　　　　　　　　　二、三、四等水准路线主要技术指标

等级	每千米高差中数中误差		路线往、返测高差不符值（mm）	附合路线或环线闭合差（mm）	检测已测测段高差之差（mm）	每千米高差中数中误差（mm）
	偶然中误差（mm）	全中误差（mm）				
二	±1	±2	$\pm 4\sqrt{L_s}$	$\pm 4\sqrt{L}$	$\pm 6\sqrt{L_i}$	±2
三	±3	±6	$\pm 12\sqrt{L_s}$	$\pm 12\sqrt{L_s}$	$\pm 20\sqrt{L_i}$	
四	±5	±10	$\pm 12\sqrt{L_s}$	$\pm 20\sqrt{L_s}$	$\pm 30\sqrt{L_i}$	

四、实训指导

(一) 踏勘选点

(1) 与 GNSS 控制测量选点同步进行，至少有两个水准点与 GNSS 控制点重合，为 GNSS 控制测量提供起算数据。

(2) 水准点尽量选择在路边石上，以钢钉钉入做标志，并统一编号。

(3) 未知水准点和已知高程点组成附合或闭合水准路线，水准点间距 600~800m。

(二) 实训步骤

(1) 对二等水准测量(光学)采用光学测微法，进行往返观测，其观测顺序如下：

往测：奇数站为"后—前—前—后"；
　　　　偶数站为"前—后—后—前"。

返测：奇数站为"前—后—后—前"；
　　　　偶数站为"后—前—前—后"。

读数顺序为"基—基—辅—辅"，对于往测奇数站，后视基本分划上下中丝，前视基本分划中上下丝，前视辅助分划中丝，后视辅助分划中丝。

(2) 对二等水准测量(电子)采用中丝读数法，进行往返观测，观测顺序为：

往测：奇数站为"后—前—前—后"；
　　　　偶数站为"前—后—后—前"。

返测：奇数站为"前—后—后—前"；

偶数站为"后—前—前—后"。

日本索佳 SDL30M 电子水准仪仪器参数设置，在菜单模式下选取"Config."选项，"Meas."可进行测量模式设置，"Display"显示小数位设置，"Adjust"可进行十字丝检校。

测量模式选择"single"（单次），小数位数选择"0.001m"，Rh 读至"0.001m"，Hd 读至"0.01m"。

（3）对三等水准测量采用中丝读数法，进行往返观测。每站的观测顺序为："后—前—前—后"。

五、精密水准测量注意事项

（1）用光学测微法读厘米以下的小数以代替直接估读，以提高读数精度，直读到 0.1mm 位，估读至 0.01mm 位。

（2）选择在标尺分划成像清晰、稳定和气温变化小的时间观测，即在最佳观测时段内观测。

（3）晴天观测要打伞，迁站时要保证使仪器竖直，对于外挂式测微器，必须注意其安全。

（4）视线长度、视线高不能超限，每站的前、后视距基本相等，同一测站的观测中，不得两次调焦。

（5）一测段水准路线上（两个水准点之间）的测站数必须是偶数。往、返测的前、后标尺必须交换。

（6）观测工作间歇时，最好能结束在固定的水准点上，否则，应选择两坚固可靠的固定点作为间歇点。

（7）因钢（瓦）尺尺常数 $K = 3.0155m$。

六、精密水准仪操作考核细则

考核学生在控制测量实训中对水准测量仪器操作的熟练程度，测一个由 3 站构成的闭合环，考核具体内容及标准如下：

（1）操作时间（满分 25 分），如表 3.7 所示。

表 3.7 操作时间考核标准

操作时间	得分
9 分钟以内	25 分
9~12 分钟	15 分
12~15 分钟	5 分
15 分钟以上	0 分

（2）闭合差（满分 25 分），如表 3.8 所示。

表 3.8   **闭合差考核标准**

闭合差	得分
小于 1mm	25 分
1~2mm	15 分
2~3mm	5 分
大于 3mm	0 分

（3）限差校核（满分 25 分），如表 3.9 所示。

表 3.9   **限差校核标准**

限差	得分
全部符合限差	25 分
1 项超限	15 分
2 项超限	0 分

（4）操作规程（满分 25 分）。

此项由考核教师根据学生在整个考核过程中的规范程度给出分值。

七、提交成果

（1）每个实习小组应提交下列成果：

①外业观测手簿；

②控制点成果表。

（2）每人应提交下列成果：

实习报告（技术总结、个人总结）。

任务 3.3 加密控制测量——一级导线测量

一、实训目的

(1)掌握所使用全站仪的性能以及具体操作方法;

(2)掌握城市一级导线测量外业观测的工作流程与方法;

(3)掌握应用南方平差易软件进行导线网平差的方法。

二、实训器具

每个小组领取下列实训器具:2 秒级全站仪 1 台(含脚架和电池)、带觇板的棱镜组(含脚架)两套、2m 钢卷尺 1 把、测伞 1 把、全站仪导线观测记录手簿若干,自备铅笔、小刀等文具用品。

三、实训要求

(1)各组在指导教师的带领下选定附合(闭合)导线或导线网,每人至少完成 4 站合格的导线测量观测成果。

(2)实训采用的是全站仪三维导线测量,等级为城市一级。观测过程中既要进行角度测量、距离测量,同时也要进行电磁波测距三角高程测量,外业观测的具体项目包括:水平角(HR)、平距(HD)、高差(VD)。

(3)小组共同完成导线内业平差计算,利用南方平差易软件电算平差,并生成平差报告。

(4)各小组要充分发扬团结协作精神,在组长的带领下,既要完成实训任务,又要让所有组员得到观测及记录的训练。最终提交合格成果,并每人完成一份实训报告。

(5)技术要求。

①《城市测量规范》(CJJ/T 8—2011)规定各等级导线测量的主要技术要求见表 3.10。

表 3.10 导线测量的主要技术要求

等级	导线长度(km)	平均边长(km)	测角中误差(″)	测距中误差(mm)	测距相对中误差	测回数			方位角闭合差(″)	导线全长相对闭合差
						1″级仪器	2″级仪器	6″级仪器		
四等	9	1.5	2.5	18	1/80000	4	6	—	$5\sqrt{n}$	≤1/35000
一级	4	0.5	5	15	1/30000	—	2	4	$10\sqrt{n}$	≤1/14000
二级	2.4	0.25	8	15	1/14000	—	1	3	$16\sqrt{n}$	≤1/10000

注:a. 表中 n 为测站数;

b. 当测区测图的最大比例尺为 1:1000 时,一、二、三级导线的平均边长及总长可适当放长,但最大长度不应大于表中规定长度的 2 倍;

c. 测角的 1″、2″、6″级仪器分别包括全站仪、电子经纬仪和光学经纬仪。

②《城市测量规范》(CJJ/T 8—2011)规定导线测量水平角观测宜采用方向观测法，技术要求见表 3.11。

表 3.11　　　　　　　　　　　　水平角方向观测法的技术要求

等级	仪器型号	光学测微器两次重合读数之差(″)	半测回归零差(″)	一测回内2C 互差(″)	同一方向值各测回较差(″)
四等及以上	1″级仪器	1	6	9	6
	2″级仪器	3	8	13	9
一级及以下	2″级仪器	—	12	18	12
	6″级仪器	—	18	—	24

注：a. 全站仪、电子经纬仪水平角观测时不受光学测微器两次重合读数之差指标的限制；

b. 当观测方向的垂直角超过±3°的范围时，该方向 2C 互差可按相邻测回同方向进行比较，其值应满足表中一测回内 2C 互差的限值；

c. 观测的方向数不多于 3 个时，可不归零。

③《城市测量规范》(CJJ/T 8—2011)规定距离测量各等级边长测距的主要技术要求见表 3.12。

表 3.12　　　　　　　　　　　　测距的主要技术要求

平面控制网等级	仪器精度等级	测回数 往	测回数 返	一测回读数较差(mm)	单程各测回较差(mm)	往返较差(mm)
四等	5 mm 级仪器	2	2	≤5	≤7	≤2(a+b×D)
	10 mm 级仪器	3	3	≤10	≤15	
一级	10 mm 级仪器	2	—	≤10	≤15	—
二、三级	10 mm 级仪器	1	—	≤10	≤15	

注：a. 测距的 5 mm 级仪器和 10 mm 级仪器，是指当测距长度为 1km 时，仪器的标称精度 m_D 分别为 5mm 和 10 mm 的电磁波测距仪器，$m_D = a + b \cdot D$；

b. 困难情况下，边长测距可采取不同时间段测量代替往返观测；

c. 计算测距往返较差的限差时，a、b 分别为相应等级所使用仪器标称的固定误差和比例误差。

④在各级测绘技能竞赛中，采用 2″级全站仪完成一级导线测量时，一般采用表 3.13 中的技术要求。

表 3.13　　　　　　　　　　　　技能竞赛中一级导线基本技术要求

水平角测量(2″级仪器)			距离测量			
测回数	同一方向值各测回较差	一测回内2C 较差	测回数	一测回读数	测回内读数差	测回间读数差
2	9″	13″	2	4 次	5mm	7mm
闭合差						
方位角闭合差	≤ ±10″ $\sqrt{n}$					
导线全长相对闭合差	1/14000					

注：n 为测站数。

⑤《城市测量规范》(CJJ/T 8—2011)规定电磁波测距三角高程测量应符合表 3.14 的规定。

表 3.14   电磁波测距三角高程测量的主要技术要求

等级	每千米高差全中误差(mm)	边长(km)	观测方式	对向观测高差较差(mm)	附合或环形闭合差(mm)
四等	10	≤1	对向观测	$40\sqrt{D}$	$20\sqrt{\sum D}$
等外	15	≤1	对向观测	$60\sqrt{D}$	$30\sqrt{\sum D}$

注：a. D 为电磁波测距边长度(km)；

b. 起讫点的精度等级，四等应起讫于不低于三等水准的高程点上，等外应起讫于不低于四等的高程点上；

c. 线路长度不应超过相应等级水准路线的总长度。

四、实训指导

1. 踏勘选点

选点的任务是：根据布网方案和测区情况，在实地选定控制点最佳位置。实地选点之前，必须对整个测区的地形情况有较全面的了解。在山区和丘陵地区，点位一般都设在制高点上，选点工作比较容易。如果图上设计考虑得周密细致，此时只需到点上直接检查通视情况即可，通常不会有太大的变化。但在平原地区，由于地势平坦，往往视线受阻，选点工作比较困难。为了既保证网形结构好，又尽可能避免建造高标，就需要详细地观察和分析地形，登高瞭望，检查通视情况。在此种情况下，所选定的点位就有可能改变。在建筑物密集区，可将点位选取在稳固的永久性建筑物上。

选点的作业步骤如下：

(1)先到已知点上，判明该点与相邻已知点在图上和实地上的相对位置关系，然后检查该点标石觇标的完好情况。

(2)按设计图检查各方向的通视情况，对不通视的方向，应及时进行调整。

(3)依照设计图到实地上去选定其他点的点位，在每点上同样进行(2)项的工作。这样逐点推进，直到全部点位在实地上都选定为止。

控制点选定后，须打木桩予以标记。控制点一般以村名、山名、地名作为点名。新旧点重合时，一般采用旧名，不宜随便更改。点位选定以后，应及时写出点的位置说明(点之记)。

选点时应注意下列事项：

(1)相邻点间应相互通视良好，地势平坦，便于测角和量距；

(2)点位应选在土质坚实，便于安置仪器和保存标志的地方；

(3)导线点应选在视野开阔的地方，便于进一步扩展或进行碎部测量；

(4)导线边长应大致相等；

(5)导线点应有足够的密度,分布均匀,便于控制整个测区。

选点工作结束后,应提交下述资料:

(1)选点图。选点图的比例尺视测区范围而定,图上应注明点名和点号,并绘出交通干线、主要河流和居民地点等。

(2)控制点位置说明。填写点的位置说明,是为了日后寻找点位方便,同时也便于其他单位使用控制点资料,了解埋设标石情况。

(3)文字说明。内容包括:任务要求,测区概况,已有测量成果及精度情况,设计的技术依据,旧点的利用情况,最长和最短边长、平均边长及最小角的情况,精度估算的结果、对埋石和观测工作的建议等。

2. 外业观测

1)仪器设置及气象改正

在距离测量模式下,主要有精测、跟踪、粗测模式的选择,一般选择单次精测。

全站仪一般有棱镜、贴片、免棱镜三种合作目标,导线测量要选择棱镜模式。棱镜常数有 0mm、−30mm、30mm 三种情况,须根据实际情况进行设置。

一般情况下,全站仪标准状态为:温度 15℃,气压 1013hPa,此时大气改正为 0ppm。可以根据测区实际情况,直接设置温度和气压值,进行气象改正。

除此之外,测量前要检查仪器参数和状态设置,如角度、距离、气压、温度的单位,最小显示、水平角和垂直角形式、双轴改正等。可提前设置好仪器,在测量过程中不再改动。

2)测量操作步骤

(1)在测站上安置全站仪,对中、整平,量记仪器高。

(2)在各镜站上安置棱镜,对中、整平,量记棱镜高,棱镜面朝向测站。

(3)打开全站仪电源,盘左望远镜十字丝照准后视方向的反射棱镜觇牌纵横标志线,配置水平度盘,读记水平角(HR)读数,并测距一测回,记录平距(HD)和高差(VD);全站仪顺时针方向旋转,照准前视反射棱镜,读记水平角(HR)读数,并测距一测回,记录平距(HD)和高差(VD),完成上半测回。

(4)倒镜盘右进行水平角的下半测回观测,分别测记读数并进行表格计算。

(5)按要求完成全部规定测回的观测。

(6)检查记录正确无误后关闭仪器,本站结束,仪器装箱,迁至下站。

一般规定:水平角(HR)观测两测回,按要求配盘;平距(HD)盘左观测两次(一测回)。

3. 南方平差易电算平差

编制已知数据表和观测数据表及导线略图,为导线的平差计算做准备。利用南方平差易软件电算平差,具体方法在南方平差易导线平差计算中已介绍。

五、注意事项

(1)用于控制测量的全站仪的精度要达到相应等级控制测量的要求。

(2)测量前要对仪器按要求进行检定、校准;出发前要检查仪器电池的电量。

（3）要采取必要措施，保证仪器在观测过程中的稳定性。为此，安置仪器时应踩紧脚架，防止下沉和产生偏转。在土壤过于松软的地区观测，要在三脚架的三只脚尖地方打入木桩。在市区要防止柏油路面在夏天受热软化变形带来的不良影响，在测站上必须撑伞，最好要把整个脚架都遮住。在观测过程中，禁止旁人在三脚架附近走动。

（4）防止温度对仪器结构的影响，在观测前半小时左右，仪器从箱中取出，让它和外界空气的温度相一致。在使用仪器过程中，必须轻拿轻放，防止震动和碰撞。

（5）防止旁折光的影响，城市导线测量往往视线靠近热源而引起旁折光。在导线选点时应考虑远离引起旁折光的物体 1m 以外，为减少旁折光的影响，阴天观测比晴天要好。

（6）测距时应在成像清晰和气象条件稳定时进行，雨、雪和大风等天气不宜作业，不宜顺光、逆光观测，严禁将测距仪对准太阳。

（7）当反光镜背景方向有反射物时，应在反光镜后遮上黑布作为背景。

（8）测距过程中，当视线被遮挡出现粗差时，应重新启动测量。

（9）当观测数据超限时，应重测整个测回。当观测数据出现分群时，应分析原因，采取相应措施重新观测。

六、考核标准

全站仪操作考核办法如下：考核全站仪导线测量—测站上一测回的全部操作过程，照准两个方向，前视测距，直反觇观测高差。考核内容及评分标准如下：

（1）操作时间总分 40 分，如表 3.15 所示。

表 3.15　　　　　　　　　　　　操作时间考核标准

操作时间	得分
5 分钟以内	40 分
5~7 分钟	30 分
7~9 分钟	20 分
9 分钟以上	10 分

（2）测距总分 20 分，如表 3.16 所示。

表 3.16　　　　　　　　　　　　测距考核标准

测　　距	得分
能正确测出距离	20 分
能测出距离，但方法欠佳	10 分
不能测出距离	0 分

（3）水平角观测总分 20 分，如表 3.17 所示。

表 3.17　　　　　　　　　　　　水平角观测考核标准

水平角观测	得分
能正确测出水平角	20 分
能测出水平角，但方法欠佳	10 分
不能测出水平角	0 分

（4）高差观测总分 20 分，如表 3.18 所示。

表 3.18　　　　　　　　　　　　高差观测考核标准

高差观测	得分
能正确测出高差并正确计算地面两点间高差	20 分
能正确测出高差	10 分
不能正确测出高差	0 分

七、提交成果

（1）每个实习小组应提交下列成果：
①外业观测记录手簿；
②导线网平差报告；
③控制点成果表。
（2）每人应提交下列成果：
实习报告（技术总结、个人总结）。

参 考 文 献

[1]刘岩．控制测量[M]．北京：科学技术文献出版社，2015．

[2]刘岩．控制测量实训教程[M]．北京：科学技术文献出版社，2015．

[3]许加东．控制测量[M]．北京：中国电力出版社，2012．

[4]中华人民共和国建设部，中华人民共和国国家质量监督检验检疫总局．工程测量规范（GB 50026—2007）[S]．北京：中国计划出版社，2008．

[5]中华人民共和国住房和城乡建设部．城市测量规范（CJJ/T 8—2011）[S]．北京：中国建筑工业出版社，2012．

[6]中华人民共和国国家质量监督检验检疫总局，中国国家标准化管理委员会．国家一、二等水准测量规范（GB/T 12897—2006）[S]．北京：中国标准出版社，2006．

[7]中华人民共和国国家质量监督检验检疫总局，中国国家标准化管理委员会．全球定位（GPS）测量规范（GB/T 18314—2009）[S]．北京：中国标准出版社，2009．

[8]国家测绘局．测绘技术总结编写规定（CH/T 1001—2005）[S]．北京：测绘出版社，2006．